KB273127

EBS 세계테마기행_말리 　　**책임프로듀서** 김봉렬
　　　　　　　　　　　　프로듀서 이민수, 김형준
　　　　　　　　　　　　연출 허백규 _ 아요디아

배우 최종원, 세상 끝 말리를 가다

초판발행일 2008년 11월 17일
글 최종원
사진 이병호

EBS 한국교육방송공사　　**기획 및 편집 EBS** 출판기획팀
　　　　　　　　　　　　표지 · 내지 디자인 A&A (02) 2285-2022
　　　　　　　　　　　　글도움 피옥희　　**사진도움** 사진아트센터 보다

지식채널　　　　　　　**발행인** 전재국　　**본부장** 이광자
　　　　　　　　　　　　임프린트 대표 김경섭　　**주간** 이대건
　　　　　　　　　　　　마케팅 실장 정유한　　**팀장** 성시형　　**제작** 김영훈

　　　　　　　　　　　　발행처 (주)시공사(지식채널)
　　　　　　　　　　　　출판등록 1989년 5월 10일(제3-248호)

　　　　　　　　　　　　주소 서울시 서초구 서초동 1628-1 (우편번호 137-879)
　　　　　　　　　　　　문의 전화 (02) 2046-2800　　**팩스** (02) 588-0835
　　　　　　　　　　　　ISBN 978-89-527-5379-3　14980

EBS
세계테마기행 02
아프리카 말리

배우 최종원, 세상 끝 **말리**를 가다

최종원 지음

EBS 지식채널

목차

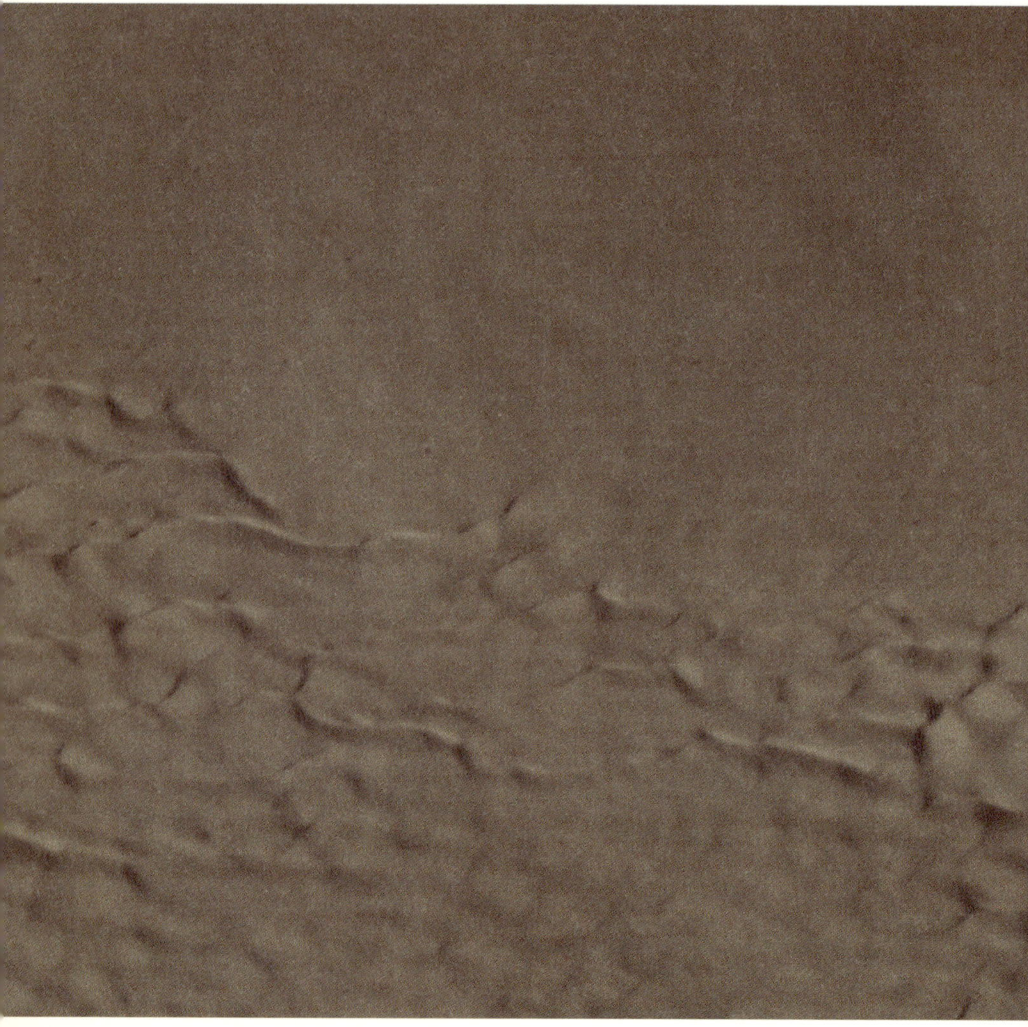

세상 끝 말리, 끝나지 않는 기억

보라! 황금빛 노을 저 너머에 빛나는 니제르 강의 줄기를.

들어라! 심장을 움직이는 수천 마리 소 떼의 발자국 소리를.

느껴라! 모래 평원 위에 우뚝 솟은 반디아가라의 위용을.

깨우쳐라! 날것 그대로의 삶을 고수하는 그들의 오늘을.

그리고 비로소 여행자여, 떠나라!

가장 고귀한 오지의 여정 속으로…….

많은 사람들이 아프리카를 동경한다. 그것은 아마도 때묻지 않은 순수함과 원시의 아름다움에 대한 그리움 때문일 것이다. 하지만 나는 아프리카 여행을 꿈꾸는 젊은이들에게 꼭 한마디 전해주고 싶다.

"되도록 가지 마라. 다만, 자신의 한계와 세상의 끝을 보고 싶다면, 진정 그런 각오가 되어 있다면, 가라."

'잘 알지 못하는 것'에 대한 호기심과 기대로 가득 차 있는 사람들은 늘 미지의 무언가를 찾아 헤맨다. 그런 사람들에게 아프리카만큼 적합한 곳은 없을 것이다. 아프리카는 여전히 우리에게 미지의 땅으로 남아 있기 때문이다.
아프리카 여행은 반복되는 일상과 쉼 없이 밀려오는 일의 압박감을 훌훌 벗어던지고, 벌거숭이의 상태로 되돌아갈 수 있는 기회처럼 여겨진다. 끝이 없는 사막, 한번도 우리에 갇혀 본 적이 없는 맹수가 불쑥불쑥 나오는 초원 등이 야생 그대로의 '날것의 삶'을 체험할 수 있다는 환상을 불러일으킨다.
나 역시 마찬가지였다. 오대양 육대주 중 아프리카만을 제외한 모든 땅과 물을 거쳐 왔던 나는, 육십의 나이에 유일하게 미답의 땅인 아프리카 여행을 꿈꾸었다.

멀고 먼 대륙 아프리카. 가고는 싶지만 쉽게 떠날 수 없는 곳. 그래서 언젠가는 꼭 가고야 말겠다는 막연한 생각을 품게 만드는 곳. 아프리카는 인생의 희로애락을 모두 경험한 늙은 배우에게 태초의 쉼터가 되어줄 땅이라고 생각했다.

지성이면 감천이라고 하던가. 나의 남모를 열망이 우주의 기운을 한 데 모으게 했던지, EBS 세계테마기행 담당 PD가 연락을 해왔다. 여행지는 아프리카, 그중에서 아직 우리에게 낯선 나라인 '말리'라고 했다. 한창 인기 상한가를 치고 있는 드라마 '대왕 세종'에서 비중 있는 역할을 맡고 있었지만, 아프리카라는 원시의 유혹에 흔쾌히 동행을 약속했다.

말리로 향하는 여정은 첫날부터 그리 순탄하지 않았다. 아프리카 대륙 중에서도 가장 오지라는 말리로 향하는 여행이니 어쩌면 당연한 일이었고, 그 정도 각오는 하고 출발한 터였다. 게다가 아마존 밀림에서의 삶도 겪어봤던 나이기에, 먼 길을 돌고 돌아가는 여행길은 그저 사하라 사막이 국토의 반을 차지하는 말리라는 나라가 지구 저편의 낯선 여행객에게 보내는 앙탈 정도로 생각하기로 했다. 하지만 그것은 너무나 안이한 생각이었다. 세상의 끝이자 아프리카의 오지라는 말리는 고대 화려한 문명을 꽃 피웠던 나라라는 수식어가 무색하게, 육십 평생 결코 녹록지 않은 경험을 해온 노배우의 상식으로도 감당할 수 없는 곳이었다.

보이는 것, 겪는 것, 어느 하나 쉬운 게 없었다. 끝날 것 같지 않은 힘든 노동을 하듯, 몸과 마음은 고단했다. 마음은 고통의 무게로 출렁거렸다. 그들의 삶에서 고통과 아픔으로 점철된 내 삶의 흔적을 발견하곤 했다. 그것은 여행의 또다른 고통이었다.

뼈만 앙상하게 남은 아이들, 무기력한 남자들, 노예처럼 일하는 아낙들의 퍽퍽한 삶. 여전히 민족간 분쟁이 끊이지 않으며, 점차 그 영역을 넓혀가는 메마른 사막과 가난이 지배하는 곳. 말리 여행을 마치면서 나는 아프리카에 대한 동경도 접었다. 야생 동물의 천국이라는 케냐, 세계 최고 휴양지 중 하나라는 튀니지, 아프리카의 유럽이라는 남아프리카 공화국……. 햇살이 환히 비치는 땅이라는 뜻을 가진 아프리카, 그 달콤하고도 뜨거운 원시에 대한 열망은 척박하고 아픈 삶의 현장 '말리'로 남았다.

그런데, 사람의 마음이라는 게 참으로 묘하다.
문득문득 타마 의 흥겨운 북소리가 귓가에 맴돈다. 커피숍에 앉아 잠깐 담배 한 모금을 빨아들이면, 누런 먼지를 뚫고 수천 마리의 소 떼가 달려오는 광경이 떠오른다. 반디아가라 절벽 아래 사라진 문명의 흔적 사이에서 코란을 외우던 아이들의 순박한 눈동자가 아른거린다.

외면하고 싶었지만 다시 추억하게 만드는 땅, 아프리카 말리.
나는 지금 그곳을 이야기하고자 한다.

아프리카에 대한 막연한 동경을 가슴에 품은 채 일
상에 매몰되어 있던 어느 날, EBS 세계테마기행 담
당 PD의 전화 한 통을 받았다. 아프리카 말리로 함께
떠나자고 했다. 그 말 한마디에 가슴이 요동쳤다.

1부

익숙지 않은 여정, 익숙한 기억

말리 땅을 밟는 순간부터 나는 수행자가 되었다.

살인적인 더위에 맞서 살아남는 법을 배워야 했고

문명의 오만한 가치관은 완전히 버려야 했으며

익숙하지 않은 것들을 이해하고 받아들여야 했다.

그리고

아프리카에 대한 편견과 기대감도 버려야 했다.

그렇게 말리 여행은

완전히 빈 마음으로부터 시작되었다.

Korea
Mali

1장
바마코와 통북투

바마코, 여행자의 겸손과 여유를 배우다

솔트로드의 꽃, 통북투

바마코, 여행자의 겸손과 여유를 배우다

바마코에서 만난 어릴 적 기억

지구촌이라고 하지만 아프리카는 아직 우리에게 멀고 먼 대륙이다. 물리적 거리가 심리적 거리를 지배한다. 그러기에 지구 저편에 있는 아프리카는 여전히 우리에게는 미지의 땅으로 여겨지기도 한다. 특히 아프리카의 중앙에 있는 말리는 많은 시간과 노고를 바쳐야 갈 수 있는 나라다. 주머니 사정이 여의치 않다면 그곳으로 가는 여정은 더욱 녹록지 않다. 세계 여러 나라를 돌고 돌아야만 겨우 도착할 수 있기 때문이다.

우리 팀도 넉넉하지 않은 형편 때문에 길고 긴 여정 끝에 드디어 말리의 수도 바마코에 도착했다. 그 기나긴 여정만으로 세계 일주를 하고 난 뒤 겨우 지구의 끝자락에 다다른 느낌이다. 그렇게 힘들게 먼 아시아에서 찾아온 늙은 배우를 맞아주는 것은, 섭씨 45도를 넘나드는 숨이 턱턱 막히는 무더위와 복작거리는 거리 풍경이었다.

한적하고 생생한 자연 풍광까지는 바라지 않았지만, 요란하고 북적거리는 바마코의 풍경은 처음부터 내 기대와는 다르게 흘러가고 있었다.

티셔츠와 선글라스, 슬리퍼를 신은 거리의 상인과 똬리 위에 짐을 이고 걸어가는 말리의 아낙들. 문득 그 광경을 보노라니, 마치 우리네 옛날 시골 장터 한복판에 와있는 기분이 들었다. 이제는 박제된 채 추억의 볼거리로만 존재하는 우리의 시골 장터를 이곳으로 고스란히 옮겨놓은 듯했다.

그 풍경을 맞닥뜨리니 문득 가난하고 불편했던 어린 시절이 떠올라 씁쓸해지기도 했다. 그러나 한편으로 다른 여행자들처럼 그 풍경 속으로 뛰어들어가 기꺼이 뒤섞이고 싶은 충동이 일었다.

장터를 둘러보면서 금세 옛날로 돌아갔다. 추억은 언제나 좋은 것이다. 지난했던 과거도 추억이라는 장치를 거치면 아름답고 행복한 기억이 된다. 그러나 풍경 속에 빠져 마냥 허허거릴 수만은 없었

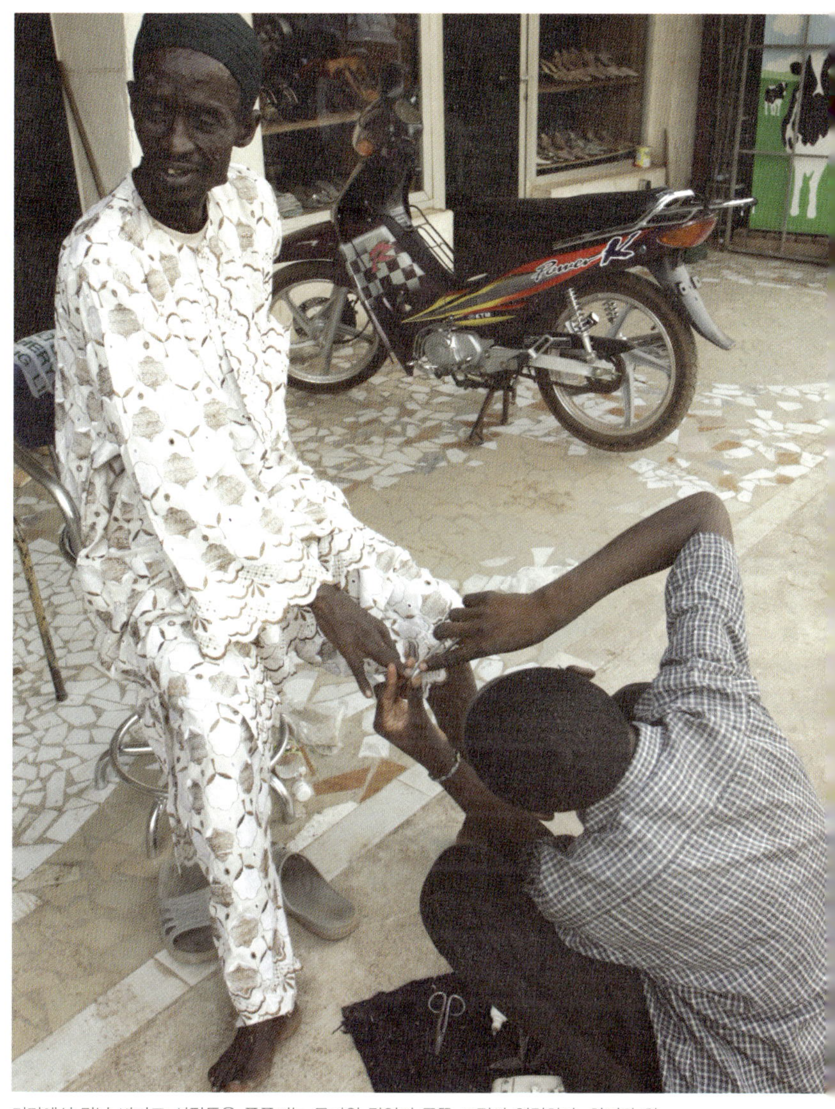

거리에서 만난 바마코 사람들은 푹푹찌는 무더위 탓인지 굼뜬 표정이 역력하다. 하지만 하루 끼니를 벌기 위해 치열하게 살아가는 생활 속에서도 그들만의 넉넉한 여유가 표정 곳곳에서 느껴진다.

말리의 수도이자 교통의 중심지 바마코

던 것은 가슴 한 구석에 묻어 두었던 아픈 기억들이 꾸역꾸역 되살
아났기 때문이다. 세계 최빈국이라는 말리의 상황과 힘들게 살아
온 우리의 50~60년대가 대비되면서 스산한 기분마저 들었다. 나이
를 먹으면 쓸데없는 염려로 말이 많아진다는데, 아무래도 세상을
바라보는 시선이 자기가 살았던 모습, 자신이 경험한 바에 의해 판
단되기 때문이리라.

당장 바마코 거리만 하더라도, 돈 많은 유럽 관광객들이나 묵을 듯
한 최고급 호텔과 그 앞에서 하루 끼니를 위해 사투를 벌이는 상인
과 가이드들의 모습을 보면서 나는 겉으로 활기차 보이는 거리 풍
경 속에서 빈곤에 허덕이는 삶의 슬픈 단면을 읽고 있었다.

하지만 아프리카에 첫 발을 디딘 한 늙은 여행자의 이런 생각과는
아랑곳없이 바마코 거리는 바쁘게 돌아가고 있었다.

나야 스쳐가는 여행자에 불과하지만, 그들은 그 자체가 일상이고
살아가는 모습이 아닌가. 나만의 객창감에 빠져 바쁜 여행길을 미
룰 수는 없었다. 이내 아프리카 속에 푹 빠져들었다.

바마코의 이색 택시 드라이브

말리 여행은 택시로 시작했다. 비용을 절약해야 하지만 아무래도 내 나이와 체력, 그리고 환경을 고려해 이곳에서는 고급 교통수단으로 통하는 택시를 타기로 한 것이다.

다행히 교통과 상업의 중심 도시답게 바마코 거리에는 봉고차처럼 작은 버스와 택시, 오토바이들이 즐비했다. 그 가운데 가장 괜찮아 보이는 택시를 타려고 하는데, 택시들이 하나같이 폐차 직전의 벤츠다. 이 상황에 그것만으로도 감지덕지라는 마음에 택시를 골랐다. 그런데 택시기사는 출발할 생각을 하지 않았다. 이유인즉 1리터에 2달러나 하는 기름값 때문에 일정한 인원이 채워지지 않으면 운행하지 않는다는 것이었다. 버스도 마찬가지였다. 천상 다른 사람들이 탈 때까지 기다리거나, 그럴 여유가 없다면 다른 사람들의 비용까지 지불하고 출발해야 한다. 일정이 바쁜 우리는 하는 수 없이 가격을 흥정하고 곧장 떠나기로 했다.

이제 손님은 준비가 끝났건만, 고급 교통수단인 택시는 여전히 승차를 바로 허락하지 않았다. 택시기사가 흥정이 다 끝난 그때서야

세계 최빈국 말리는, 기름값이 리터 당 2달러가 넘는
다. 결국 운전사들은 손님이 올 때까지 아예 움직이
지를 않는다. 때문에 택시를 이용하고자 하는 여행객
은 여유와 기다림을 배워야 한다.

바마코 거리를 누비는 택시들은 대부분 낡아 한번에 시동이 걸리는 경우가 드물다. 그런
상태로 거리를 활보한다는 것 자체가 놀라울 정도다.

24

펑크 난 타이어를 교체하기 시작했기 때문이다.

나같이 '빨리빨리'를 외치는 다혈질의 한국인에게는 어이없기 짝이 없는 일이었지만, 이곳에서는 늘 벌어지는 일이라기에 어쩔 수 없이 그늘에 앉아 굼뜨게 움직이는 그들의 모습을 물끄러미 지켜보았다.

한참을 기다린 끝에 겨우 타이어 교체가 끝났다. 이제 바로 택시를 타고 출발하면 되었다. 하지만 그렇게 쉽사리 이방인을 맞아주지 않겠다는 심산인지, 이번에는 시동이 걸리지 않았다.

그러자 곧바로 택시 뒤편으로 젊은 청년들이 달라붙어 택시를 밀기 시작했다. 날씨는 너무나 덥고, 택시들이 워낙 낡고 오래된 데다 자주 운행되는 것도 아니기에 오히려 한번에 시동이 걸리는 게 이상할 정도라고 한다. 그래서 이럴 때를 대비해 전문적으로 택시를 밀어주는 사람들이 늘 대기하고 있었던 것이다. 낙후된 생활이 아이러니하게도 새로운 일자리를 창출한 셈이다.

당황스럽고 어이없는 상황을 겪고 나자 허탈한 웃음이 나왔다. 한편으로는 이해되지만 한편으로는 안타까움이 밀려왔다.

언제 펑크 날지 모르는 타이어와 한번 서면 시동이 걸릴지 안 걸릴

지도 알 수 없는 택시를 타고 가자니 불안했다. 더욱이 이런 택시에 생계가 달린 젊은 택시기사가 자꾸 신경이 쓰였다.

그런 걱정도 잠시, 택시는 내게 조금도 딴 생각을 못하게 했다. 에어컨이 없어 창문을 열고 달렸는데, 바람은 고사하고 아프리카의 뜨거운 열기가 밀려들어왔기 때문이다. 숨이 턱턱 막혔다. 그런 가운데서도 우기에는 도대체 어떻게 빗속을 달릴지, 쓸데없는 걱정을 하기도 했다.

말리 여행은 이렇게 시작되었다. 수도 바마코는 늙은 여행자에게 잊혀지지 않은 기억 하나를 확실히 심어주었다.

자동차 한대에 여러 가족의 생계가 함께 실려, 거리는 그야말로 왁자지
껄했다. 한적하고 생생한 자연 풍광까지는 바라지 않았지만, 요란하고
북적거리는 바마코의 풍경은 내 기대와는 다르게 흘러가고 있었다.

티셔츠와 선글라스, 슬리퍼를 신은 거리의 상인과 똬리 위에 짐을 이고 걸어가는 말리의 아낙들. 문득 그 광경을 보노라니 마치 우리네 옛날 시골 장터 한복판에 와있는 기분이 들었다.

한국의 시골 장터처럼 보이는 말리의 수도 바마코

솔트로드의 꽃, 통북투

사막 여행의 고달픔

바마코에서 약 907킬로미터 떨어진 통북투는 차로 꼬박 하루를 달려야 한다. 워낙 먼 곳이다 보니 택시로 갈 수 있는 거리도 아니지만, 사막지대를 횡단해야 하는 거친 여정이기에 버스로 바꿔 타거나 지프차처럼 오프로드가 가능한 사륜구동차를 빌려 타야만 했다. 잠시 타봤던 택시를 뒤로 한 채 콩나물시루 같은 버스에 올랐다. 말이 버스지, 이건 사람을 실어 나르는 짐차였다. 안락한 좌석은 꿈도 꿀 수 없었다. 그 옛날 피난민처럼 짐칸에 빽빽하게 붙어 앉아 옆사람과 살을 맞댄 채 온종일 덜컹거리는 버스에 시달려야 했다. 이것도 예전에 비해 많이 좋아진 것이라고 한다. 게다가 기름값이 비싼 탓에 유럽인들의 휴가철이 끝나면 운행이 중지되는 교통편이 많다고 하니, 버스를 타고 갈 수 있는 것만으로 다행이었다.

발 디딜 틈도 없는 만원버스를 타고 비포장도로를 하루 꼬박 달리는 일은 늙은 여행자에겐 여간 고역이 아닐 수 없었다. 앉을 공간도 없이 짐 위에 아슬아슬 매달려 가는 사람들에 비하면 그나마 나은 편이었지만, 서서히 온몸은 지쳐가고 있었다.

그렇게 몇 시간동안 열악한 버스에 몸을 싣고 통북투로 향했다. 그 길에서 마주친 것은 사람들을 짐짝처럼 태우고 달리는 만원버스와 모래 회오리바람이었다.

달리는 내내 나는 침묵을 지켰다. 연일 40도를 넘나드는 폭염 때문에 잔뜩 지친 탓도 있지만, 눈과 귀, 입으로 들어오는 모래먼지 때문에 아무 말도 할 수 없었다. 차에 타는 현지인들이 더운 날씨에도 얼굴을 가리고 있는 것을 보았는데, 그것이 차 안으로 들어오는 엄청난 먼지 때문이란 걸 그때서야 알았다.

사막의 도시 통북투로 향하는 길은 말리 사람들조차 두려워하는 여정이라고 한다. 그러니 초로의 이방인에게는 그 길이 더 고되게 느껴질 수밖에 없었다. 하지만 꿈에 그리던 아프리카를 달리고 있

모래로 가득한 사막 위 도시 통북투

다는 기분 때문에 잠시나마 그 고단함을 잊을 수 있었다.

황량함 속에 살아남은 문명, 그리고 종교

말리에서도 오지로 통하는 통북투. 사하라 사막에 둘러싸여 있어
마치 사막에 떠있는 섬 같은 도시. 험난한 여정 끝에 도착한 이곳은
바마코보다 몇 곱절은 더 강력한 모래바람이 불었다. 사막이 가까
이 있어서 그런지 도시는 뿌연 모래먼지 때문에 가까운 거리조차
시야가 흐렸다.
변변한 교통수단이 없다면 수도 바마코에서 수십 일이 걸릴 정도
로 오지인 이곳이, 사하라의 소금과 남아프리카의 금과 상아를 맞
바꾸던 사막 교역의 중심지로 명성이 자자했던 황금도시이며, 유
네스코가 선정한 세계문화유산이라는 사실이 놀라웠다.
또한 20세기까지도 모래바람이 거세게 부는 황량한 오지의 도시로
황금을 찾는 서양인들의 발길이 끊임없이 이어졌다고 하니,
황금을 쫓는 인간들의 욕망에 색다른 경이를 느꼈다.
모래먼지만 수북이 쌓인 이 도시에서 과연 무엇을 보고, 무엇을 찾

사막의 도시 통북투로 가는 길은 눈과 귀, 입으로 들어오는 모래먼지 때문에 말리 사람들에
게조차 두려운 여정이라고 한다. 더욱이 늙은 여행자에겐 그 자체가 일종의 고행이었다.

아야 할지 막막했다. 그 순간, 어디선가 경건한 소리가 들려오고, 그곳을 향해 갑자기 나타난 사람들의 행렬이 이어졌다. 그들을 무조건 뒤쫓아 갔다.

행렬이 멈춘 곳은 징게르베르 사원이었다. 이 사원은 1325년 말리제국의 지배자 만사무사에 의해 지어진 이슬람 사원으로, 지난 800년 동안 아프리카에 이슬람을 확산시킨 신앙의 중심지였다. 통북투의 전성기였던 14세기에서 16세기엔, 이곳의 무슬림이 4만 5천 명에 달했다고 한다. 지금도 아프리카 최초의 이슬람 도시라는 자부심이 대단한 이곳 사람들은 매주 금요일만 되면 모두가 알라를 경배하기 위해 몰려든다.

사실 통북투에는 사람들이 잘 다니지를 않는다. 계속 몰아치는 모래바람으로 눈을 뜨기도 힘들기 때문이다. 거리를 가득 채우고 있는 것은 누런 모래먼지 뿐, 통북투는 사막 한가운데에 있는 외로운 도시이다. 쓸쓸하고 황량한 이곳에, 마치 옛 영화를 재현해 보이려는 듯한 대규모 예배는 지구 저편에서 건너온 늙은 여행자에게 잊지 못할 감흥을 안겨주었다.

지금은 모래에 서서히 잠식되어 가지만, 통북투에 남아 있는 이슬람 사원은 말리의 찬란한 옛 문명과 그들에게 남겨진 자부심을 짐작하게 한다.

말리는 아직도 사막화가 계속 진행 중인 메마른 땅이다. 그 척박함 속에도 꽃 핀 질긴 생명
력은 경이로움과 감탄을 안겨준다.

예배는 장엄하고 엄숙하게 이어졌다. 그 광경을 지켜보면서 사라져간 통북투의 영광과 명예가 이슬람의 힘으로 아직까지 존재하는 것이 아닌가 하는 생각이 들었다. 비록 황금 도시 통북투의 영화는 사라졌지만, 그것을 바탕으로 형성된 이슬람 종교의 신앙심은 그대로인 것 같았다. 새삼 종교의 놀라운 힘에 감탄했다.

찬란했던 옛 문명

경제적인 교류가 활성화되고, 사람이 모이면 당연히 문화와 학문이 발전한다. 황금 도시인 통북투 역시 마찬가지이다. 12세기까지 유목민의 야영지에 불과했던 통북투는 사막 교역이 늘어나면서 점차 사람들이 모여들기 시작했다. 사막 교역을 하던 사람들 중에는 이슬람 사람들이 많았는데, 14세기에는 이슬람 교도의 예배소인 모스크가 건설되어 순례자가 모여들었다. 또한 북아프리카 제국, 이집트 등과 교역로가 연결되면서 코란을 가르치는 대학이 설립되어 문화의 중심지가 되었다. 한창때는 세계 각국에서 온 2만여 명의 학생들이 코란에서부터 수학, 의학, 수사학, 논리학, 천문학 등

을 공부했다. 당시에는 장서가 얼마만큼이냐가 부의 척도일 정도
로 학문적 분위기가 무르익었다. 이곳에 세계 어디에서도 보기 힘
든 고대 이슬람의 필사본이 고스란히 보관되어 있는 것도 그런 연
유에서이다.

그 중에서도 '아흐메드 바바 Ahmed baba 센터'는 가장 유명한 고서적
박물관으로 손꼽힌다. 13세기경 직접 손으로 쓴 고대 이슬람 서적
의 필사본을 지금까지 소장하고 있는 모습을 보면, 이슬람 종교와
학문에 대한 이들의 자부심이 얼마나 대단한 것인지 알 수 있다.
사실 이런 귀중한 책들을 내가 들여다본다고 그 내용과 가치를 알
리 없었다. 다만 이런 책들이 귀중하게 보존되고 있는 것을 보면서,
통북투가 정말로 오랜 역사를 간직한 곳이며, 그 찬란했던 숨결과
생명력이 지금까지 전해져 내려오고 있다는 것이 고스란히 느껴지
는 듯했다.
그런데 그렇게 번성했던 통북투가 현대화에 밀려 점차 사라지고
있다는 느낌이 드는 건 어쩔 수 없었다. 더불어 오는 길에 보았던
세계 최빈국이라는 현실이 그런 생각을 더욱 깊게 해주었다.

통북투 전경과 징게르베르 사원

고대 이슬람의 필사본과 박물관 내부 전경

솔트로드 salt road 와 암염

소금은 12세기 무렵부터 통북투의 주요 교역 물품이었다. 통북투에서 북쪽으로 약 700킬로미터 떨어진 사하라 사막의 중심부엔 백만 년 전의 호수가 말라서 생긴 거대한 소금광산 테우데니가 있다. 그곳에서 캐낸 소금, 즉 암염은 솔트로드를 통해 가장 먼저 통북투에 전해지고, 이어 아프리카 각지로 퍼져나갔다.

한때 같은 무게의 황금과 맞바꿔지면서 '하얀 황금'이라고 불릴 정도로 귀했던 소금. 이 소금은 통북투에 영화를 가져다주었지만, 더불어 통북투의 쇠락을 가져오는 원인이 되었다. 제염 기술의 발달로 암염 값이 폭락했기 때문이다.

하지만 여전히 암염은 통북투의 주요 상품 중 하나이고, 통북투의 소금시장은 말리에서 꼭 한번 들러볼 만한 곳이기도 하다.

평생 염전에서 나는 소금만 봐왔던 난 호수가 말라붙어 생긴 거대한 소금 덩어리가 그저 신기할 따름이었다. 호기심을 참지 못하고 한번 만져보았다. 툭툭 두드려보니 돌덩이처럼 단단하다. 이 거대한 소금 덩어리가 어떻게 사막 한가운데에 놓여 있는지 믿기지 않

암염은 통북부의 주요 상품 중 하나이고, 소금시장은 말리에서 꼭 한번 들러볼 만하다. 돌덩이처럼 단단한 암염조각은 육십 평생 봐온 바다와 염전의 소금과 너무나 달라 신기할 따름이다.

았다. 문득 정말 소금이 맞는지 의구심이 들었다. 나는 하드처럼 먹기 좋게 잘라 놓은 암염 조각에 혀끝을 갖다 대고 살짝 맛을 보았다. 짜르르. 혀끝을 타고 짠맛이 온몸에 전달된다.

순간 저쪽에서 나를 지켜보고 있던 소금 파는 상인이 재빨리 내게 달려왔다. 이내 맛을 봤으니 소금을 사라고 했다. 하긴 장사꾼이 이런 호기심 많은 여행자들을 절대 놓칠 리가 없었다. 아마도 이곳에 들렀던 수많은 여행자들이 나처럼 암염 조각을 입에 대고 맛을 봤던 모양이었다. 내가 머뭇거리자 그는 능수능란하게 지갑을 열라고 재촉했다. 이쯤 되면 십중팔구는 마음이 움직이게 되어 있다. 싫든 좋든 손에 든 암염을 살 수밖에 없었다. 나는 이 먼곳까지 왔으니 기념으로 가져가자며 하얀 황금 조각을 기분 좋게 챙겨 들었다.

소금시장을 거닐다 보면 소금의 효능을 몸소 알리는 사람들도 만나게 된다. 암염은 크게 사람이 먹을 것과 가축이 먹을 것으로 구분된다. 사람이 먹는 암염은 그 쓰임새에 따라 식용과 약용으로 다양하게 사용되며, 가축이 먹을 암염은 잘게 부숴 사료와 섞은 뒤 낙타, 염소, 양, 소 등에게 먹인다.

한 사람이 한참 동안이나 암염 예찬을 벌이더니, 이번에는 즉석에서 암염의 쓰임새를 보여주었다. 암염은 크게 눈 질환과 배탈에 특효가 있는데, 수정처럼 맑은 암염 조각을 물에 넣고 흔들어 녹인 다음 눈가에 바르면 눈의 염증 등을 쉽게 치료할 수 있다. 또 배탈이 났을 때는 찻주전자에 암염을 손으로 잘게 부스러뜨려 넣은 다음 끓여 마시면 배탈이 씻은 듯 낫는다.

통북투 사람이 일러주는 암염 민간요법을 들으면서 우리나라 민간요법이 떠올랐다. 어릴 적 연고 등 약품이 귀했던 시절에는 피부 염증이 생기면 소금물에 씻었던 기억이 있다. 통북투 사람의 설명대로 한번 해보아야겠다고 생각하면서 괜히 가슴이 뻐근해졌다. 그것은 먼 나라 사람에게서 느끼는 인간으로서의 동질감 때문이었다.

하얀 황금이 넘쳐나는 도시 통북투. 비록 지금은 쇠락한 도시이고, 황금과 바꿀 만큼 귀한 대접을 받던 소금은 값어치가 떨어져 평범한 식품으로 전락했지만, 이곳 사람들은 여전히 암염과 더불어 생활하고 있었다.

사막 한가운데에서 만나는 투아레그족. 척박한 환경은 강인한 종족을 만들어 내는 듯하다.

암염 시장에서 만난 말리 어린이. 빈곤하고 고단한 생활이지만 밝게 웃는 표정이 순수하고 아름답다.

솔트로드와 캐러반

소금 캐러반 Salt Caravan들이 몹티로 간다는 이야기를 듣고 동행을 자청했다. 몹티는 한때 '말리의 젖줄'이라 불릴 만큼 번성했던 도시다. 몹티로 가는 길은 사실 육로보다는 니제르 강을 따라 수로로 가는 것이 훨씬 편리하다. 하지만 통북투를 황금의 도시, 이슬람 신앙의 중심 도시, 학문의 중심 도시로 번성케 했던 사하라 사막의 솔트로드를 꼭 가보고 싶었기 때문에 나는 겁도 없이 그들을 따라나서겠다고 한 것이다. 소금 캐러반과 함께 암염을 실은 낙타를 이끌고 가는 길이 결코 쉽지 않다는 것은 충분히 짐작할 수 있었다. 나는 굳은 각오를 하고, 문명의 발자취를 따라 걷는다는 나름대로 장대한 뜻을 품은 채 사막을 향해 첫발을 내디뎠다.

솔트로드를 걷기 시작하면서부터 고행이 시작되었다. 뜨겁게 불어닥치는 모래바람과 푹푹 빠지는 사막의 모래는, 아무리 굳은 각오를 했더라도 좀체 견뎌내기가 힘들었다. 말수가 점점 줄어들었다. 호흡이 가빠졌다. 점차 다리가 저려오기 시작했다. 평생을 사막의 길 위에서 살아온 소금 캐러반들은 한시라도 빨리 목적지에 닿기

휴가철에 맞춰 가끔 열리는 암염시장 풍경과 쌓아 놓은 암염

위해 걸음을 재촉했지만, 나는 자꾸만 뒤처졌다. 본의 아니게 번번이 그들의 발목을 잡고 말았다.

결국 길잡이 노릇을 하던 소금 캐러반 대장이 낙타 한 마리를 내주었다. 솔트로드의 캐러반으로서 호전적이고, 승부욕 강하고, 자존심 강한 종족으로 알려진 투아레그족은, 그 명성과 다르게 무척이나 친절할 뿐 아니라 연장자에 대한 예우가 확실한 종족이었다. 이곳에서 낙타는 오직 암염을 운반하는 역할을 할 뿐, 사람은 절대 올라타지 않는다고 하는데, 힘겨워하는 나를 위해 그들은 기꺼이 낙타를 내어주었다. 그저 미안하고 고마울 따름이었다.

하도 힘들었던 터라 염치없이 낙타의 등에 덥석 올라탔다. 하지만 그마저도 쉽지 않았다. 무더운 열기에 정신이 혼미해져서 매달려 있는 것조차 고역이다.

솔트로드를 횡단하는 일은 곧 삶과 죽음 사이에서 치열한 사투를 벌이는 것이다. 인내의 극한까지 인간을 내몬다. 가도 가도 끝없이 펼쳐지는 사하라 사막. 강렬하게 내리쬐는 태양 아래 40여 일을 횡단해야 하는 일은 소금 캐러반들에게도 쉽지 않은 여정인데, 낯설고 늙은 여행자에게는 오죽했으랴. 나는 체력의 한계점에 다다랐다. 그러다 보니 그들에게 짐이 되고 말았다. 미안한 마음이 들어 겨우 주저앉고 싶은 몸과 마음을 추슬렀는데, 이번에는 타고 가던 낙타가 갑자기 발작을 하기 시작했다. 익숙하지 않은 것에 민감한 낙타가 낯선 이방인을 태우다 보니, 더더욱 민감해진 모양이었다. 한 마리의 낙타가 발작을 하면 나머지 낙타들도 동시에 흥분한다고 한다. 내가 타고 있는 낙타가 흥분하기 시작하자 캐러반들은 있는 힘을 다해 낙타를 진정시켰다. 다행히 발작은 진정됐지만, 그 바람에 낙타의 등에 얹어진 귀한 암염 판자가 산산조각이 났다. 나는 그들에게 얼굴을 들 수 없었다.

길고 긴 나날을 오직 암염 판자를 운반하기 위해 매달리는 소금 캐러반들을 위해서라도, 이들과의 동행은 이쯤에서 접어야 할 것 같았다.

솔트로드를 가로지르는 긴긴 낙타 행렬을 배웅하며 못다한 사막여행에 대한 아쉬움을 달랬다. 잠시 동안 함께 했던 소금 캐러반과의 만남은 이렇게 끝났다.

통북투의 모습. 최빈국이지만 여기서도 빈부의 격차는 존재한다.

Spain
Italy
Egypt
Mali
Africa
South Africa

2장
반디아가라

절벽에 꽃핀 문명

바오밥 나무

가면의 현자

절벽에 꽃핀 문명

■

사막의 절벽, 기이한 아름다움

솔트로드를 떠나 도착한 곳은 아프리카 말리의 수도 바마코에서 동북쪽으로 600킬로미터나 떨어진 곳에 있는 반디아가라였다. 이곳에 해발 500미터 높이의 사암 절벽인 반디아가라 절벽이 있다. 반디아가라 절벽은 광활한 사막 한가운데 기암괴석이 우뚝 솟아오른 형상을 하고 있다. 총 길이가 150킬로미터에 달하며, 하늘에서 내려다보면 마치 사선 모양의 칼자국이 그어진 것 같은 기기묘묘한 모습이다. 지금껏 세계 구석구석 다녀보았지만, 이처럼 기이하고 아름다운 풍광은 어디에서도 본적이 없었다. 눈앞에 펼쳐진 풍광에 한참동안 넋을 놓고 바라보았다.

반디아가라를 다녀간 한 일본인이 세운 학교와 주변 풍경

깎아지른 사암 절벽을 올려다보면서 문득 저 가파른 곳에 과연 생명체가 살 수 있을지 의문이 생겼다. 하지만 곧 내 눈을 의심했다. 절벽 사이사이에 작은 건축물이 보이고, 건축물은 저마다 짐승의 눈과 같은 조그만 창을 가지고 있었다. 온통 절벽뿐인 척박한 그곳에도 사람들이 집을 짓고 살고 있는 것이다. 인간의 질긴 생명력에 입이 저절로 벌어졌다.

그곳에 살고 있는 사람들은 도곤 Dogon 족이다. 도곤족은 아프리카에서도 가장 독특하고 발달된 문화를 지니고 있다. 이들은 자기 부족만의 창조신화를 갖고 있는데, 영험한 동물로 여기는 재칼의 발자국으로 앞날을 점친다고 한다.

흔히 도곤족을 '가면의 현자'라 부른다. 그들에게 가면은 뗄 수 없는 밀접한 존재이다. 가면의 종류만도 78가지에 이르며, 이 가면을 쓰고 축제를 벌인다. 이때 가면과 춤동작에는 외부에 발설하지 않는 그들만의 의미가 담겨 있다고 한다.

사람의 형상을 따 만들었다는 도곤족 마을은 지형적 특성상 외부와 철저하게 고립되어 있기 때문에 1300년경부터 지금까지 문명의 손길이 뻗치지 않은 곳이다. 그리고 바로 그런 이유 때문에 도곤족이 이곳에 터를 잡은 것이기도 하다.

깎아지른 벼랑에 둥지를 틀고 자신들만의 문화를 고스란히 지켜온 도곤족. 벼랑 위 아니면 벼랑 밑, 도곤족에게 중간은 없어 보였다. 과연 그들은 어떤 삶을 살기 위해 이곳으로 찾아들었을까? 반디아가라 절벽을 바라보며 도곤족의 삶을 상상해 보았다.

벼랑 위의 삶, 도곤족

단지 상상만으로 도곤족의 삶을 이해할 수는 없었다. 직접 그 속으로 들어가 몸으로 느끼고 싶었다. 현재 반디아가라에는 약 25만 명의 도곤족이 250여 개의 마을을 형성하고 있다.

절벽 틈을 비집고 마을로 향했다. 절벽을 타고 오르내리는 일은 한국에서도 익히 경험한 바 있지만, 이곳은 사막에 우뚝 솟은 기암절벽인 데다 찌를 듯한 가파른 경사면을 가진 바위들이 불규칙하게 나열되어 있어 그리 만만치가 않았다.

오르막길에서 젖 먹던 힘까지 써버린 데다 새 힘이 고일 틈도 없이 다시 내리막길을 맞닥뜨렸을 때는 후들거리는 다리를 제대로 지탱

반디아가라 마을에서 만난 한 도곤족 아이. 사진을 찍으니 자세를 잡아준다. 그러고는 대가
를 요구한다. 관광산업으로 살아가는 반디아가라 사람들의 모습이었다.

도저히 생명이 깃들어 살 것같지 않은 가파른 절벽
틈에 도곤족은 마을을 형성하고 있다.

하기가 어려웠다. 입도 마르고 말도 나오지 않았다. 순간 주저앉고 싶은 마음도 들었다. 하지만 한평생 굴곡을 이겨내며 걸어온 배우 인생인데 고작 이런 내리막을 두려워하랴 싶어 다시금 몸과 마음을 곧추세우고 내려갔다.

그렇게 한참을 내려가다 보니 청년 두어 명이 비지땀을 흘리며 절벽을 올라오고 있었다. 나처럼 인생을 반추하며 장엄한 절벽을 오르내리는 늙은 여행자도 있지만, 그들처럼 ‘트래킹’을 목적으로 도전과 모험을 감행하는 여행자도 많았다.

나중에 알게 된 일이지만, 반디아가라 절벽은 말리 여행의 백미라고 불릴 만큼 인기 트래킹 코스다. 반디아가라 절벽을 꼼꼼히 둘러보는 트래킹은 한 달이나 걸리지만, 이렇게 ‘작정’하고 오르는 트래킹이 아니라면 4월에 열리는 도곤족의 ‘가면 축제 Fete des Masque’ 기간에 맞춰 방문하는 것도 좋다고 한다. 이 축제 기간에는 수수로 만든 전통맥주를 맛볼 수 있다고 하니, 고행을 위한 여행이 아니라면 가벼운 마음으로 트래킹 일정을 짜보는 것도 좋을 것 같다.

반디아가라의 긴 절벽은 북부에 있는 두엔차(Douentza)에서부터 남부에 있는 반카스(Bankas)까지 이어져 있다. 만일 반디아가라 트래킹을 계획했다면 두엔차나 반카스, 상가(Sanga) 등의 출발점이 인기가 높으니 다양하게 코스를 정해 올라보는 것도 좋다. 반디아가라와 반카스는 말리의 수도 바마코에서 북동쪽으로 550킬로미터이며, 상가는 40킬로미터 더 북쪽으로 올라가야 한다. 만일 이곳에서 출발하고 싶다면 바마코에서 몹티까지 이동한 뒤 몹티에서 미니버스나 산악택시를 이용하면 된다.

전쟁을 피해 들어왔기 때문에 도곤 마을은 지리적·지형적 위치가 외부와 철저하게 고립되어 있다. 트래킹이 쉽진 않지만 한참을 오르다보면 도곤족과 텔렘족, 두 종족이 만들어낸 두 문명을 만날 수 있다.

반디아가라 절벽 마을에는 이들보다 먼저 정착해 있던 종족이 있었다. 그 옛날 텔렘족^{피그미족}이 그들이다.

14세기경 전쟁과 이슬람 문명, 노예 사냥꾼 등을 피해 들어온 도곤족이 이곳에 터를 잡고 있던 텔렘족을 쫓아내고 안착하게 되면서, 반디아가라 절벽에는 지금까지 두 문명이 그대로 공존하고 있다. 현재 이곳에 자리잡은 종족은 도곤족이지만, 그 이전에 살았던 텔렘족이 남긴 문명이 도곤 마을에 여전히 남아 있다.

해발 500미터의 바위틈에 있는 도곤 마을은 도곤족이 전쟁을 피해 들어왔기 때문인지 지리적·지형적 위치가 외부와 철저하게 고립된 곳에 있었다. 사람들이 모여 사는 마을이라고는 도저히 믿기지 않을 정도로 가는 길이 험난했다. 마치 일부러 고행을 하기 위해 지은 수도자들의 마을 같았다. 크고 작은 바위틈을 디딤돌 삼아 걷자니 몸을 지탱해주는 나무 막대기 하나라도 있었으면 하는 마음이 간절했다.

오르고 미끄러지고 주저앉기를 수십 번. 그렇게 한참 동안 절벽 위를 올라 마침내 마을에 도착했다. 와락 반가운 마음이 들어 마을 사람들에게 성큼 다가갔다. 하지만 그들은 애어른 할 것 없이 모두들 나를 경계하는 눈치다. 철저하게 고립되어 살아왔기 때문인지 아이들조차 눈 맞추기를 꺼려해, 이들과의 소통이 쉽지 않음을 직감했다.

불편한 세계문화유산

현지 가이드의 안내로 도곤족의 집 안으로 들어가 보았다. 밖에서 봤을 때 아담하게 지어진 흙집이라 포근함이라든가 아늑함 같은 집에 대한 일종의 환상이 있었는데, 집안 내부에 들어서니 그 환상은 순간에 깨지고 말았다. 한 사람이 겨우 들어갈 만한 통로 끝에는 불을 땔 수 있는 아궁이가 놓여 있고, 그 옆으로 두 평 남짓한 방이 하나 있었다. 방이라고 해봐야 어둠침침한 움막 형태이고, 어른 한 사람이 겨우 누워 잘 수 있을 정도로 비좁은 공간이다. 그 외에 다른 방은 없었다. 그곳에서 온 식구들이 잠을 잔다고 했다. 어떻게 한 가족이 이토록 좁은 공간에서 잠을 자고 생활할까 의구심이 들

반디아가라 절벽의 거주지 풍경들

아무리 유네스코가 지정한 세계문화유산이라지만, 이들의 생활상은 불편한 문화유산일 수
밖에 없다. 척박한 환경의 보금자리가 진정 아름다운 문화유산인지 자꾸만 반문하게 된다.

었다. 하지만 방 안을 비춰주는 호롱불 하나만이 덩그러니 놓인 채 퀴퀴하고 휑한 공간에서 그들이 일상을 꾸려가고 있는 것은 틀림 없는 사실이었다.

아무리 이곳이 유네스코가 지정한 세계문화유산이라 해도, 일상을 꾸려가는 데 필요한 최소한의 양식조차 갖춰지지 않은 이들의 생활상을 보면서 묘한 기분에 사로잡혔다. 그곳 사람들에게 세계문화유산이란 어쩌면 허울뿐이고, 단지 그것은 불편한 문화유산일 수밖에 없다는 생각이 들었다. 물론 문명이 발달하면서 인간은 많은 것을 잃었다. 그러기에 몇몇 사람들은 문명의 혜택을 두고 '문명의 이기'라며 부정적인 시각으로 바라보기도 한다. 하지만 과연 이 척박한 환경에서 살아가는 이들의 보금자리가 진정으로 아름다운 문화유산인지에 대해서는 반문을 거듭했다.

부디 이들도 하루 빨리 최소한의 문명의 혜택를 누리기를, 적어도 인간이 누려야 할 기본적인 환경만이라도 갖추게 되기를 불편한 문화유산 앞에서 간절히 바랐다.

안타까운 마음으로 집안을 둘러보고 나오는 내게 그제야 경계를 푼 도곤족 남자가 마을을 안내한다고 하기에 선뜻 따라나섰다.

그가 안내한 곳은 곡물창고였다. 큰 창고는 수확한 작물이나 농기구를 보관하는 남자들의 창고로 쓰이고, 작은 창고는 가재도구를 보관하는 여자들의 창고로 사용된다고 한다. 도곤족 사람들은 창고를 집보다도 더 중요하게 생각하기 때문에 외지 사람에게 창고를 보여주는 것을 꺼리지만, 남자는 나를 위해 특별히 빗장을 열고 창고 안을 구경시켜주었다.

아주 잠깐 동안이라서 창고 내부를 자세히 들여다볼 수는 없었지만, 창고 안은 생각보다 넓었다. 이곳에 옥수수, 조, 벼 등 수확한 농작물을 보관해두고 필요할 때마다 꺼내 먹는다고 했다. 내친김에 여자들의 창고도 보고 싶었지만, 도곤족 남자들이 절대 안 된다며 막아서는 통에 그만두었다. 더 조르면 결례가 될 것 같았다.

역사 속으로 사라진 종족

도곤 마을에 가면 텔렘족이 살았던 흔적을 자연스럽게 접할 수 있다. 피그미족이었던 텔렘족은 깎아지른 절벽의 아슬아슬한 경사면에 집을 짓고 사는 '작고 붉은 사람들'이었다. 어른의 키가 평균

세계문화유산으로 지정된 반디아가라. 이런 절벽과 황무지에 문명을 건설한 것도 놀랍지만, 이제는 단지 관광 상품으로만 남아 있다는 것이 더욱 놀랍고 아쉽다.

120센티미터 밖에 되지 않았던 텔렘족은 그 옛날 도곤족에 의해 쫓겨난 뒤, 이곳에서 200킬로미터 떨어진 부르키나파소 국경 근처에서 겨우 명맥만 유지한 채 살아가고 있다고 한다.

가장 가파른 절벽을 거슬러 오르면 작은 집들이 오밀조밀 모여 있는 텔렘 마을이 나온다. 텔렘족이 남긴 집터는 작다란 창문이 뚫린 동굴 형태가 고작이다. 도곤족이 들어와 살면서 건물 형태를 갖춘 것도 생겼지만 대부분은 절벽 경사면을 둥그렇게 파고 그 안에 공간을 만들어 생활했다.

텔렘족이 남긴 문명의 흔적은 이뿐만이 아니다. 도곤족의 대다수는 물을 얻기 쉽고 농사짓기 좋은 절벽 바로 아래나 꼭대기 평지에 둥지를 틀어 살고 있지만, 몇몇 도곤족들은 텔렘족의 집과 그들이 개간한 논밭을 그대로 사용하고 있다. 동굴 형태를 띤 텔렘족의 진흙집은 동물과 맹수들로부터 피해를 줄이기 위한 방편이었기 때문에, 일부 도곤족들은 텔렘족의 슬기로운 거주 형태를 그대로 이어받아 지금까지 생활해 오고 있는 것이다.

지금도 도곤족은 텔렘족이 살던 주거지에 돌아가신 분의 시신과 조상의 유골을 보관한다. 비록 텔렘족은 역사 속으로 사라졌지만 도곤족의 문명 속에 자연스레 녹아들어 반디아가라 절벽 아래 두 개의 문명을 꽃피워 낸 것이다. 행여 그들을 만날 수 있을까 두리번거려도 보지만, 텔렘족은 역사 속에 사라진 채 흔적만 남아 있었다. 텔렘족을 만나는 것은 상상 속에 남겨두어야만 했다.

반디아가라 폭포 주변 풍경

바오밥 나무

■

어린 왕자

도곤 마을에 가면 바오밥 나무가 여행자들을 가장 먼저 반긴다. 황량한 사막과 기암괴석, 그리고 외로이 서 있는 바오밥 나무. 하늘을 향해 뿌리를 뻗치고 서 있는 듯한 바오밥 나무를 보자 내 심장은 잠시 멈춘 듯했다. 높고 외로운 나무 한 그루가 사막의 한가운데 서 있는 모습은 긴 세월 동안 고된 수행을 마친 수행자 같기도 했고, 가난하고 외로운 연극쟁이의 길을 걸어온 나 자신의 모습 같기도 했다.

바오밥 나무가 빚어내는 낯선 풍경은 혹 내가 지구별이 아닌 다른 혹성에 와 있는 것이 아닐까 하는 착각이 들게 했다. 어린 왕자가 살았다던 B612의 별이 이런 모습이었을까, 하며 잠시 동심으로 돌아가 엉뚱한 상상도 해보았다.

이곳이 여름 휴가철에는 유럽에서 전세기가 뜰 정도로 인기 있는 관광지가 된 것도 이런 낯선 풍광 때문이리라.

흙먼지 자욱한 황량한 사막지대에서도 질긴 생명력을 자랑하는 바오밥 나무는 열대 아프리카에서만 자라는 낙엽수이다. 아프리카 사람들은 이 나무를 신성하게 여긴다. 수령이 5천 년인 것도 있다고 하니, 견딘 세월만으로 나무의 신성성이 절로 묻어 나온다. 나뭇가지가 뿌리처럼 생겼다고 해서 '거꾸로 나무'라 불리는데, 신이 실수로 거꾸로 심어 생겼다는 전설이 전해 내려온다. 커다란 나무는 구멍을 뚫어 사람이 살거나 죽은 사람을 매장한다고 한다.

뿌리처럼 들쭉날쭉 뻗은 나뭇가지의 모양새 때문에 자칫 황량한 느낌이 들 수도 있다. 하지만 해질녘 일몰을 등지고 선 바오밥 나무를 보노라면 신비의 땅 아프리카와 교감할 수 있는 가장 좋은 매개체라는 생각이 들었다.

지금이 아니면 언제 해볼까 싶어 바오밥 나무 열매를 직접 만져보았다. 매우 딱딱했다. 사람 얼굴만 한 아몬드 형태에 짙은 갈색을

반디아가라 절벽으로 가는 길에 만난 풍경

신이 실수로 거꾸로 심어 생겨났다는 바오밥 나무를 보노라니 신비의 땅 아프리카와 교감
할 수 있는 가장 좋은 매개체라는 생각이 들었다.

띠고 있는 열매는 악기로 쓰기 위해 바싹 말려 놓은 상태다. 딸랑딸랑 흔들면 메마른 듯 조금 둔탁한 소리가 났지만, 박자와 장단에 맞춰 흔들면 그 어떤 악기보다 흥을 자아냈다.

아낌없이 주는 나무

바오밥 나무 열매는 악기 외에도 열병이나 설사, 말라리아, 염증, 관절염 등에 기적의 치료제로 통한다. 또 수분 함유량이 많은 나무껍질은 아주 훌륭한 섬유 역할을 한다고 한다. 아닌 게 아니라 도곤 마을에는 바오밥 나무의 껍질로 새끼를 꼬는 남자를 쉽게 볼 수 있다. 바오밥 나무의 껍질로 만든 새끼줄은 매우 튼튼한 밧줄로 다시 태어난다. 촘촘히 꼰 새끼줄은 그물이나 올가미, 바구니, 자루 등 실생활에 유용한 물건을 만드는 데 사용하고, 가늘게 뽑은 바오밥 나무의 껍질은 현악기의 줄로 만들어진다.

때마침 바오밥 나무 아래서 열심히 새끼를 꼬고 있는 도곤족 남자를 만났다. 나무껍질을 양발로 고정시키고 왼손과 오른손을 이용해 연신 비벼대는 모습이 영락없이 우리나라 촌로가 새끼줄 꼬는

모습과 닮아 있다. 단지 재료만 짚 대신 바오밥 나무의 껍질을 사용
한다는 것이 다를 뿐이었다.

겨우 며칠 동안 말리를 돌아봤을 뿐인데 피부색도, 문화도, 전통도
다른 이곳에서 자꾸만 우리나라 옛 모습들이 교차되는 것에 나는
신비한 동질감을 느꼈다.

아프리카의 바오밥 나무

가면의 현자

■

도곤 마스크의 비밀

도곤족의 가면 축제는 천여 년 동안 이어져 내려오고 있는 전통문
화 중 하나이다. 매년 11월에서 다음해 5월까지 가뭄이나 홍수와
같은 자연 재앙이 닥치거나 한해 농사가 풍년이 들었을 때 그들은
탈을 쓰고 축제를 벌인다. 이곳에서의 축제는 단순한 유흥이 아니
다. 원시의 축제가 그렇듯, 신성한 종교적 행위이기도 하다.
도곤족의 축제를 궁금해 하는 여행자들을 위해 도곤 마을에서는
가면 춤과 제례의식 등을 공연하고 있었다.
한 남자가 위엄 있는 모습으로 선창을 하며 읊조리니 저 멀리 도곤
마스크를 쓴 남자들이 하나 둘 모습을 드러내기 시작했다. '가면

춤’을 추기 위해서다.

도곤족의 가면춤은 15~20명 정도가 동그랗게 원을 그리며 춤을 추는 형태이다. 제일 앞에 선 남자가 ‘북소리 ^{태양을 상징하는 풀무를 작동시킨다는 의미}’를 내면 그 뒤로 줄지어 늘어선 가면 쓴 사람들이 동그랗게 원을 그리며 춤을 추기 시작한다. 가면춤은 ‘붉은 수술이 달린 치마 ^{태양의 파편을 상징}’를 입고 자신의 얼굴보다 몇 배는 더 큰 나무 가면을 쓴 채 집단으로 춤을 추는 것이 특징이다.

도곤족 남자들은 78가지나 되는 가면을 쓰고 무속 신앙과 제례 의식을 치른다. 이들의 독특한 가면춤은 일찍이 프랑스를 중심으로 유럽 등에 알려졌다. 도곤족의 가면 중 가장 유명한 것이 바로 카나가^{Kanaga} 가면이다. 얼핏 보면 도마뱀이 걸어가는 형상 같기도 한데 이것은 창조주인 ‘암마신 ^{Amma, 도곤족의 유일신이며 암마가 땅에 물을 주어 쌍둥이 놈모(Nommo)를 탄생시켰다고 전해진다}’을 표현한 것이라고 한다. 이 가면의 위로 향한 부분은 하늘을, 아래로 향한 부분은 땅을, 몸통은 생명과 공기를 상징하며, 하늘과 땅이 만나 천지 창조되었다는 의미를 갖고 있다.

가면춤이 끝나고 도곤족 사람들은 전통 장례 의식인 ‘다마스’ 춤을 추었다. 이 춤은 마을 최고의 지도자이자 종교 지도자인 호곤

'가면의 현자'라고 불리는 도곤족의 가면 축제는 천
여 년 동안 이어져 내려오는 전통이다. 도곤족 남자
들은 78가지나 되는 가면을 쓰고 무속 신앙과 제례
의식을 치른다.

교통이 발달하면서 반디아가라 절벽은 전 세계 여행자들이 찾는 유명 관광지가 되었다. 관람료만 지불하면 언제든지 도곤족의 가면 춤도 구경할 수 있다. 하지만 여행자들이 접할 수 있는 이들의 문화는 그저 보여주기 위한 것일 뿐이다. 실제 이들의 전통 제례의식이나 토템신앙은 외부와 철저하게 단절되어 있다.

Hogon과 존경받던 족장의 장례식 때 행해진다. '다마'는 신의 해방을 의미하는 말로, 죽은 영혼의 안식을 위한 춤이다. 보통 10년을 주기로 추수 때 행해지며, 도곤 마스크들이 땅에 선을 긋는 모습은 하늘이 비를 내려 풍성한 작물을 수확하게 해달라고 기도하는 의식이다.

1미터가 넘는 좁고 긴 깃대 모양의 시리기 Sirige 가면을 쓰고 고개를 숙였다 들었다 하며 추는 춤은 태양과 별들의 회전을 상징한다. 또 도곤족이 모시는 신 중의 하나인 '놈모신 Nommo, 도곤족의 첫 조상으로 양성을 가진 물의 신' 이 '시리우스 Sirius, 큰개자리에서 가장 밝은 청백색의 별이자 하늘에서 볼 수 있는 가장 밝은 별. 1882년 미국의 천문학자 앨번 클라크가 천체 망원경으로 발견하면서 알려졌다' 별에서 사다리를 타고 내려온 것을 비유하기도 한다.

현대적 과학 지식이 전무했던 이들이 이미 오래전부터 시리우스의 존재를 신화적으로 전승해왔다는 점이 그저 놀랍기만 하다.

가면 춤 중에는 도곤족 여인들을 기리는 춤도 있다. 면사포를 연상케 하는 하얀 가면으로 얼굴을 가리고 키다리 삐에로처럼 기다란 막대기 위에 올라가 곡예를 펼치듯 빙빙 돌며 추는 춤이다. 이 춤은 이 가면을 발견한 여인의 우아함을 상징하며, 학처럼 가늘고 긴 다

도곤족 최고 지도자 호곤의 집과 반디아가라 절벽

리는 도곤족 여인의 고상한 아름다움을 뜻한다고 한다.

이 외에도 도곤족의 가면 춤에는 다양한 가면이 등장한다. 기개가 느껴지는 짙은 흑갈색의 사냥꾼 가면은 사냥 중인 텔렘족을 묘사한 것이다. 또 잔뜩 찌푸린 인상의 고에타 가면은 충분하게 먹고 마시지 못해 병이 든 상태를 묘사한 것이다. 마치 투구를 연상케 하는 집행자 가면은 마을의 대소사를 결정하는 집행자를 묘사한 것으로, 방랑 생활을 하기 때문에 방랑자 가면이라고도 한다.

이 가면들은 보기엔 매우 가벼워 보이지만 놀랍게도 그 무게가 평균 20킬로그램에 육박한다고 한다. 도곤족 남자들은 이 무거운 가면을 단순히 이로 물어 고정시킨 다음 격렬하게 춤을 췄던 것이다.

가면 춤이 끝나자 그들의 전통 의상은 무엇으로 만들어졌는지 궁금해졌다. 춤을 추던 도곤족 남자에게 다가가 물으니, 상의는 조개를 이어 붙였고, 붉은 수술이 달린 의상은 바오밥 나무를 이용해 만든 것이라고 했다. 신기한 마음에 가면과 전통의상을 만져보았다가 마을 사람들로부터 호되게 꾸지람을 듣고 말았다. 외부인이 도곤 가면을 함부로 만지면 안 된다는 게 도곤족의 불문율이기 때문이다.

오직 가면을 쓴 사람만이 만질 수 있으며, 그것이 오랜 전통이라고
했다. 풍년을 기원하고 돌아가신 분의 넋을 달래주는 경건한 행위
의식을 너무 호기심으로만 받아들인 것 같아 다시 한 번 예의를 갖
춰 미안한 마음을 전했다.

호곤의 집, 그리고 전통

'다마스'를 통해 본 호곤의 장례의식이 매우 장엄하게 느껴지는
이유는 아마도 도곤족이 생각하는 호곤의 존재감 때문일 것이다.
호곤은 마을의 최고 지도자답게 도곤족의 모든 전통의식과 제례를
주관한다. 특히 호곤이 쓰고 있는 붉은 모자는 태양을 상징하는 것
으로 마을에서는 어느 누구도 이 모자를 쓸 수 없다고 한다. 그래서
인지 마을 사람들이 우러러보는 호곤의 집은 대부분 마을 위쪽의
중심지에 있었다.
호곤의 집을 둘러보니 일반적인 집과는 달리 출입문에 흰색 칠이
덧칠해져 있었다. 또 벽에는 도마뱀 등 이들이 숭배하는 동물 토템
문양이 곳곳에 새겨져 있다. 출입문 위에는 여러 개의 네모난 구멍

이 뚫려 있는데, 옛 조상들을 모시는 감실벽 _{가운데를 뚫어 갖가지 안치물을 봉안}
_{하기 위하여 만든 건축 공간}이다.

내부가 궁금해서 안으로 들어가 보고 싶었지만, 호곤의 집은 신성시 여기기 때문에 외부인은 절대 들어갈 수 없다고 하여 아쉽게도 발길을 돌려야 했다.

호곤의 집 외에도 마을 곳곳에는 전통을 지켜가고 있는 곳이 많았다. 그 중에서도 도곤족 소년들이 성인식을 하는 장소에는, 울퉁불퉁 넓은 진흙 벽에 전통신화와 전설이 어우러진 다양한 문양이 새겨져 있어 눈길을 끌었다. 성인이 되면 조상의 전통을 고스란히 이어가겠다는 다짐처럼 벽 곳곳에는 수천 년을 거슬러 내려온 토템신앙의 전통문양들로 가득하다.

교통이 발달하면서 반디아가라 절벽은 전 세계 여행자들이 찾는 유명 관광지가 되었다. 관람료만 지불하면 언제든지 도곤족의 가면 춤도 구경할 수 있다. 하지만 여행자들이 접할 수 있는 이들의 문화는 그저 보여 주기 위한 것일 뿐, 실제 이들의 전통 제례의식이나 토템신앙은 여전히 철저하게 외부와 단절되어 있다.

오직 자신들만의 전통을 고수하며 스스로 고립된 삶을 선택한 도

곤족. 그들과의 짧은 만남을 뒤로 하고 서둘러 니제르 강으로 발길
을 돌렸다.

반디아가라 절벽 주변 풍경

Mauritania
Mali
Niger
Mopti
Burkina
Guinea
Nigeria
Ghana
Togo
Benin

3장
활력 넘치는 항구도시, 몹티

니제르 강과 피나세

수상도시 몹티와 몹티 시장 : 왁자지껄한 생활의 터전

소 떼들의 천국

다듬이질과 보고란

니제르 강과 피나세

■

생존과 낭만의 경계

강은 너무나 아름다웠다. 자세히 들여다보면 척박한 생활의 흔적
이 곳곳에 묻어나지만, 멀리서 해질녘에 바라본 니제르 강은 황홀
경 그 자체였다. 나일 강, 콩고 강과 더불어 아프리카 3대 강으로
불리는 니제르 강. 서아프리카의 기니 고원에서 발원하여 말리, 부
르키나파소, 니제르, 베닌, 나이지리아를 거치며 대서양으로 흘러
드는 이 강에 아프리카 인구의 50퍼센트 이상이 밀집해 살고 있다.
니제르 강은 사하라 사막의 오아시스인 동시에 문명과 문화, 사상
과 교역의 중심지이자 말리의 젖줄이다. 어디서 와서 어디로 흘러
가는지 몰라 한동안 수수께끼의 강으로 불리기도 했다. 1353년 통

북투에 들른 아랍의 유명한 여행가 이븐 바투타는 그의 여행기에 니제르 강이 미지의 땅에서 발원해 사막 내륙으로 흘러간다고만 적었고, 1805년 영국의 탐험가 망고 피크는 유럽인 최초로 이 강을 탐험하다가 생을 마감했다. 이 강의 하류를 찾아낸 것은 1830년대에 이르러서였다.

말리에서도 가장 풍요로운 환경을 자랑하는 몹티 ^{Mopti}. 말리의 최대 수상도시이자 상업도시인 이곳은 아름다운 니제르 강을 중심으로 발달했다.

몹티는 바마코에서 동쪽으로 약 640킬로미터 떨어져 있다. 예전에는 니제르 강 삼각지대에 있는 작은 어촌에 불과했지만, 지금은 수상교역의 중심지가 되었다. 아프리카 전역의 상인들이 끊임없이 물건을 실어 나르는 이곳은 도시 전체가 커다란 하나의 시장 같다는 인상을 준다. 강가에는 말리의 작은 전통 배인 피나세 ^{Ponasse}가 빽빽이 들어서 있었다.

사물이든 사람이든 그것을 아름답게 볼 수 있는 적당한 거리가 있다. 세상의 그 어떤 것도 너무 가까이 다가가면 추하고, 너무 멀

니제르 강 주변 풍경. 강 위를 떠가는 피나세와 빨래하는 아낙들의 모습

리 떨어지면 아름다움을 느낄 수조차 없다.

피나세가 정박해 있는 부두를 보면서 두 가지의 상반된 생각이 떠올랐다. 멀리서 바라보는 니제르 강변 풍경은 활기차고 여유로워 보였다. 하지만 조금만 가까이 다가가면 여유로워 보였던 풍경은 이 무더운 나라에서 가난과 싸우며 고단한 삶을 살아가는 사람들의 생생한 생존의 현장으로 환치된다. 생존을 위해 현실에 부대끼며 사는 사람들. 피나세가 정박해 있는 부두에는 전문 세탁사들과 빨래하는 아낙들을 쉽게 찾아볼 수 있는데, 그들을 보면서 이런 느낌과 생각이 더욱 강하게 들었다.

흙탕물 속에 들어가 한시도 쉬지 않고 바삐 움직이는 전문 세탁사들을 보니 평화로운 강변 풍경이라는 느낌보다 치열한 생계의 전선이라는 느낌이 더 들었다. 네다섯 명의 전문 세탁사가 거대한 양탄자를 동시에 잡고 구령에 맞춰 허리를 굽혔다 폈다 하면서 빨래를 하는데, 보기만 해도 얼마나 고된 노동인지 알 수 있었다.

그 옆으로는 바구니 한 가득 빨래를 들고 나온 아낙들로 북적댔다. 퀴퀴한 흙탕물 안에 빨래를 넣고 헹궈내기를 여러 번 반복하던 여인들은 빨래를 손으로 돌려 짠 뒤 흙바닥 위에 척척 널었다. 그리고

피나세가 정박해 있는 부두는 멀리서 보면 너무나 한가롭고 여유로워 보인다. 하지만 가까이 들여다보면 삶의 전쟁터를 방불케 한다. 이 무더운 나라에서 가장 열심히 살아가는 사람들을 만날 수 있는 곳이 바로 몹티의 니제르 강가이다.

는 다 마를 때까지 뙤약볕에 앉아 기다렸다. 그렇게 빨래가 끝나면 이번에는 함께 나온 아이들을 씻기는 일도 빼먹지 않았다.

강물에 몸을 씻기고, 그 물에 빨래를 하고, 심지어는 그 물을 마시기도 하는 이들의 일상이 문명의 혜택을 받고 자란 사람에겐 불결하기 짝이 없게 느껴졌다. 하지만 이곳 사람들에게 불결함이란 한낱 푸념일지도 모른다는 생각이 들었다. 그것은 생존과 직결되는 문제이기 때문이다.

몹티에 왔으니 피나세는 한번 타봐야 되겠다는 생각이 들었다. 피나세에는 나무껍질을 엮어 만든 둥근 지붕이 길게 드리워져 있었다. 배의 내부 공간은 그리 넉넉하지 않지만 다른 부속물이 없는 텅 빈 구조 덕분에 두 명 정도는 나란히 앉아 강 풍경을 만끽할 수가 있다.

피나세를 타고 강물을 따라 흘러가노라니, 부두에서 본 퍽퍽한 삶은 저만치 멀어지고 여유롭고 운치 있는 니제르 강의 낭만이 고달픈 여정에 지친 나를 위무해주었다. 모처럼 느긋하게 배에 몸을 맡기고 흘러가는 풍경을 완상했다.

농작물을 가득 실은 피나세가 유유자적 스쳐가기도 하고, 사람들을 가득 태운 피나세에서는 어김없이 즐거운 수다가 흘러나왔다. 강가에 나와 이방인들에게 손을 흔들어 주는 천진한 아이들도 보이고, 한가로이 풀을 뜯는 소 떼들도 눈에 들어왔다.

피나세에서 바라본 말리 사람들은 척박한 생활의 터전 속에서도 현실을 있는 그대로 받아들이며 불평 없이 소박한 삶을 일구는 모습이었다. 조금 더 잘 살겠다고 욕심 부리지 않고, 주어진 삶에 충실한 그들이 아름다워 보였다.

그들의 삶에 더 가까이 다가가기 위해 이번에는 아수라장을 방불케 했던 몹티 항구로 다시금 뱃머리를 돌렸다.

통북투에서 바마코로 가는 길, 작은 비행기에서 내려다 본 니제르 강

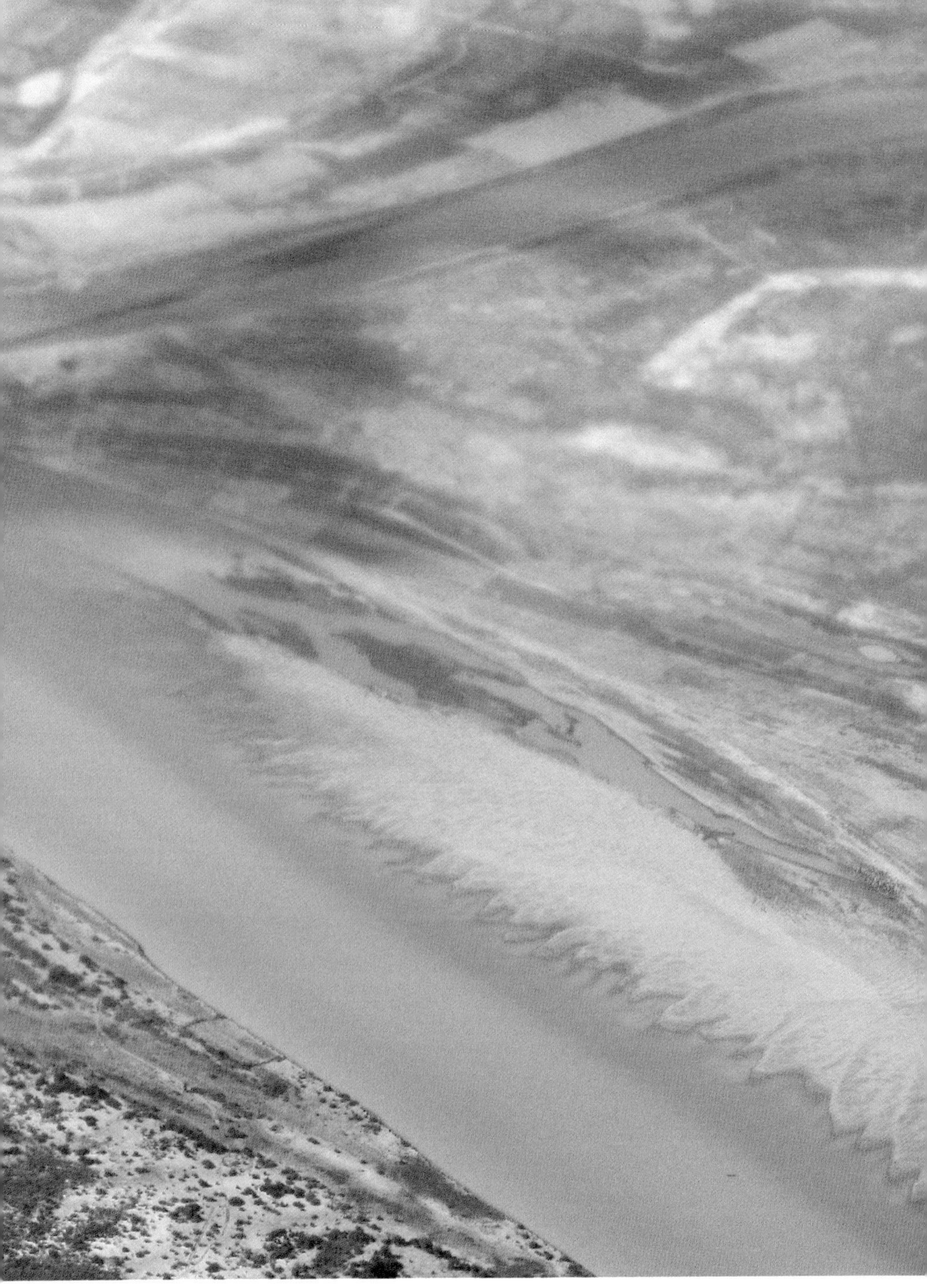

수상도시 몹티와 몹티 시장 : 왁자지껄한 생활의 터전

몹티 항구는 몹시 바쁘게 돌아가고 있었다. 암염 덩어리와 카리나 붉은색을 띤 전통 항아리를 실은 화물선 수십 대가 들어오고 나가느라 북새통을 이루고, 정박한 배들은 물건을 싣고 내리는 하역 작업을 하느라 항구는 전쟁터 같았다.

일단 번잡한 항구를 벗어나고 싶었다. 먼저 주변을 둘러볼 참으로 두리번거리고 있는데, 때마침 빨래를 다 마친 아낙들이 총총히 발걸음을 옮기고 있었다. 아낙들을 따라가 보기로 했다. 그들이 향한 곳은 항구와 인접해 있는 몹티 시장이었다. 시장은 부두에서 보았던 분주함에 곱절은 더 분주하고 번잡했다. 아니 혼돈 그 자체라고 해도 과언이 아니다.

항아리, 옷감, 모자, 곡식, 바구니, 소금, 생선 등 온갖 물건들이 즐비했다. 마치 옛날 청계천 8가의 번개시장 같았다. 청계천 시장의 물건으로 달나라 가는 로켓도 만들 수 있을 거라는 우스갯소리가 나왔을 정도로 청계천 시장은 없는 게 없었다. 시대와 장소는 다르지만 몹티 시장은 그 옛날 청계천 시장과 너무나 닮아 있었다. 신선한 감흥에 젖어 시장 입구에서 어정거리며 구경을 하고 있자니, 여기저기서 고함소리가 터져 나왔다. 놀라 뒤돌아보니 짐꾼들이 버티고 서 있었다. 길을 막지 말라는 거였다. 무거운 카리나를 이고 진 인부들이 좁은 시장 길을 통과해야 하기 때문에 행여 부딪칠세라 고래고래 소리를 질렀던 것이다. 어찌나 시끄러운지 혼이 다 나갈 지경이었다. 어디 그뿐이랴. 조금만 방심을 하면 마차가 옆구리를 치고 갈지도 모를 일이었다.

이 복잡한 곳을 벗어나 조금 한적한 공간을 찾아보려고 시장 중심가를 빠져나오니 선착장 인근에 있는 바가지 시장이 눈에 들어왔다. 어릴 적 보아왔던 바가지를 멀고 먼 아프리카에서 보게 되다니, 반가움이 앞섰다.

바가지를 파는 상인들은 내가 다가가도 무덤덤했다. 물건을 사라든가, 아니면 골라보라든가, 하는 일반적인 장사꾼들의 모습은 전

활발하고 소란스러운 몹티 시장

몹티 시장은 온통 정겨운 물건이 가득하다. 눈에 밟히는 모습들이 너무나 친근하니, 시장 어디를 가도 늙은 여행자의 입가에서 미소가 떠나지 않았다. 보라, 저 티없이 맑은 어린아이의 표정을.

혀 보이지 않았다. 그저 길다란 나무 여러 개를 고정시키고 그 위에 거적을 얹어 놓은 천막 아래에 앉아 손님들이 오기를 기다릴 뿐이었다. 오랜 시간의 기다림과 무더운 열기 때문인지, 필요하면 사고 아니면 말라는 심산 같았다. 바가지를 구경하는 데는 차라리 그 편이 더 낫겠다 싶었다. 각다귀 떼처럼 달려들어 사라고 조른다면 그 또한 편치 않을 일이지 않겠는가. 나는 천천히 더 시장을 둘러보기로 했다.

이곳의 바가지는 지역마다 각기 달리 불린다. 프랑스 어로는 카라바스, 밤바라 어로는 프레, 풀라니 어로는 호렌디이며 박을 만드는 과정도 우리와 거의 흡사했다. 잘 익은 박을 반으로 쪼개어 속을 파내고 햇볕에 말린 다음, 자른 단면을 다듬는 것까지 똑같았다. 쌀을 일고 물을 떠먹던 추억이 서린 바가지. 아프리카에서 만난 바가지 시장은 정겹다는 말 외에는 달리 표현할 길이 없었다.

시장을 거닐다가 정겨운 물건을 또 발견했다. 어머니께서 즐겨 쓰시던 절구와 재봉틀이다. 우리의 전통 절구와는 모양새가 조금 다르지만 이곳에서도 절구는 곡식을 찧는 도구로 사용되고 있다. 재봉틀을 보자 어릴 적 기억이 새록새록 되살아났다. 손수 재봉을 하여 옷을 만들어주던 어머니의 모습이 재봉틀 소리에 잔잔하게 떠올랐다. 하지만 말리에서는 거의 남자 재봉사가 바느질을 하기 때문에 유년의 기억과는 조금 색다른 느낌이 들었다.

머나먼 이국땅에서 눈에 들어오는 모습들마다 이처럼 너무 친근하니, 인류는 하나라는 사실을 다시금 확인한다. 아프리카에서 시작되었다는 인류의 기원설에 더욱 믿음이 간다. 인류 공통의 유전적 형질, 원형적인 문화 등을 생각하니 절구와 바가지에 자꾸 눈길이 갔다.

몹티 시장의 정겨움에 푹 빠져 다니다 느닷없는 풍경에 화들짝 놀랐다. 바로 말리의 전통 약재시장 때문이다. 말리의 민간신앙과 결부된 약재시장은 보기에 끔찍하거나 흉물스런 '약재들'로 가득하다. 목을 자른 머리나 발톱이 박힌 다리 등 동물들의 사체가 대부분이다. 이것들은 일종의 부적처럼 사용되는데, 말리 사람들은 원숭이 손이 액운을 막아주고, 원숭이 이빨을 지니고 다니면 치통이 사라지며, 전기뱀장어 껍질을 끓여 마시면 아이를 순산할 수 있다고 굳건히 믿고 있다. 치료보다는 민간신앙에 가깝지만 아프리카에서만 통용되는 그들만의 '날문화'가 신기하고 놀라울 따름이었다.

소 떼들의 천국

■

니제르 강을 따라가다 보면 다양한 아프리카의 종족을 만나게 된
다. 풍요로운 니제르 강에 기대어 사는 이들이다. 그 중 소 떼를 치
며 유목생활을 하는 풀라니족 사람들. 그들이 잠시 동안 머물러 지
내는 '유목민 마을'을 찾았다.

풀라니족은 소를 치고 가축을 기르는 것이 중요한 생존 수단이다.
때문에 유목민 마을에서 만난 풀라니족 사람들은 모두 소와 각별
한 관계를 유지하고 있었다. 아이들은 스스럼없이 소에 올라탄 채
놀이를 즐기고, 어른들은 자식 돌보듯 세심하게 소들을 챙겼다. 암
염 값이 껑충 뛰어 빠듯한 살림에도 사람보다는 소를 위해 기꺼이
암염을 사는 사람들이 바로 풀라니족이었다. 그들에게는 소가 곧
가족이자 삶의 일부이며 생명줄이었다.

유목민 마을로 들어서자 어디선가 '쿵쿵쿵' 땅을 뒤흔드는 거대한 발자국 소리가 들려왔다. 그러고는 광활하게 펼쳐진 저 먼 곳에서부터 뿌연 모래먼지가 거세게 일기 시작했다. 잠시 후, 일순간 모래먼지가 사라지더니 마을로 향하는 수천 마리의 소 떼가 서서히 윤곽을 드러내며 내 앞을 지나가고 있었다. 쿵쿵거리는 소 떼의 발자국 소리가 대지를 울렸다. 끝도 없이 이어지는 소 떼 행렬. 언제 끝날지 모르는 그 행렬을 바라보니 먹먹해졌다. 그리고 이내 가슴이 벅차올랐다. 산골 태생인 촌놈에게 소는 익숙한 동물이지만, 지금처럼 수천 마리의 소 떼가 한꺼번에 달려오는 광경은 생전 처음 보았다. 더욱이 사막지대인 말리에서 이런 대규모 소 떼를 본다는 것은 기적 같은 일이었다.

한참을 감탄하며 소 떼 행렬을 지켜보다가 문득 수천 마리의 소가 각기 다른 모습을 하고 있는 것이 눈에 들어왔다. 어떤 소는 U자 모양의 뿔을, 또 어떤 소는 직선으로 곧게 뻗은 뿔이나 뒤로 굽은 뿔 등을 갖고 있다. 줄지어 걸어가는 장대한 소 떼 행렬을 보니 아프리카 대륙의 장엄함과 위대함을 다시금 느끼게 된다.

그런데 신기한 것은, 수천 마리의 소 떼가 물밀듯이 마을로 들어와

해질 무렵 저 멀리서 모래바람과 함께 집을 찾아오는 소 떼의 모습은 말리에서 만난 가장 장엄한 풍경이었다. 집을 잘 찾아들어가는 소 떼의 모습은 세상살이의 신기함을 다시 깨닫게 해주었다.

서는 각자 자신의 집으로 흩어져 들어간다는 것이었다. 소들은 주인을 보고는 좋아서 껑충껑충 뛰고, 주인은 기다렸다가 여물을 주면서 자신의 소들을 챙겼다. 소몰이 목동이 없어도 제 집을 찾아가는 소들의 귀소 본능이 놀라웠다.

그리고 시종일관 내 뒤를 졸졸 따르는 아이들의 호기심 본능도 만만치는 않아 보였다. 장난기가 발동해 잠시 아이들과 어울렸다. 피부색 다른 늙은이에게 그 어떤 반감조차 갖지 않는 천진난만한 아이들을 대하니 기분이 좋아졌다. 순수한 영혼은 다른 사람의 영혼까지도 순수하게 하는 힘이 있는 모양이었다. 마음이 한결 순해지고 편안해지는 느낌이 들었다. 아이들은 멀고 먼 나라 아프리카에서 만난 가장 사랑스러운 사람이었다. 그들과 이별을 하고, 뉘엇뉘엇 저물어가는 해를 따라 터덜터덜 걸었다.

니제르 강 주변에서 만난 소 떼. 소몰이가 없어도 제 갈 길을 알고 있다.

다듬이질과 보고란

전통 다듬이질

어디선가 다듬이질 소리가 들려왔다. '투닥투닥 투닥투닥' 꽤나 힘 있는 소리였다. 니제르 강가에 10여 개의 움막이 다닥다닥 붙어 있는 전문 세탁소에서 건장한 남자들이 다듬이질을 하고 있었다.

이들의 다듬이질은 우리와는 사뭇 다르다. 어릴 적 집집마다 놓여 있던 평평한 다듬잇돌 대신 반으로 쪼갠 볼록한 통나무를 사용하고, 다듬이 방망이 대신 떡을 칠 때 쓰는 뭉툭한 방망이를 들고 쿵쿵 내려쳤다. 또 내려치는 강약과 속도의 완급, 리듬감, 주름 정도 등을 고려해 파트너 간에 호흡을 발휘해야만 비로소 제대로 된 다듬이질이 완성된다고 한다.

젊을 때 힘 좀 썼던지라, 다듬이질을 하는 한 남자의 자리로 비집고 들어가 앉았다. '탕탕탕' 몇 번 두들기고 나니 이내 팔이 저려왔다. 팔에는 어느새 핏줄까지 잔뜩 서 있었다. 서너 번 더 내리치다 도저히 더 할 수 없어 방망이질을 멈추니 주변의 청년들이 동시에 웃음을 터뜨렸다. 방망이의 무게 탓도 있지만 오랜 시간 숙련된 이들의 다듬이질에 당해낼 재간이 없었다. 슬그머니 자리를 비켜서자 청년들이 보란 듯이 더욱 힘차게 다듬이질을 했다.

다리미가 나온 이후로 다듬이질은 느리고 비효율적인 노동처럼 여기지만, 이곳의 다듬이질은 오히려 현대의 다림질보다 훌륭했다. 한번 방망이로 내려치면 풀을 먹인 듯 반듯하게 펴지는 말리의 전통 다듬이질. 문명의 힘보다 훨씬 더 훌륭한 결과물을 만들어내는 이들의 놀라운 기술에 감탄하지 않을 수 없었다.

그곳에서 한참을 더 다듬이질 하는 광경을 지켜보았다. 어느새 다듬이질 소리가 음악처럼 울렸다.

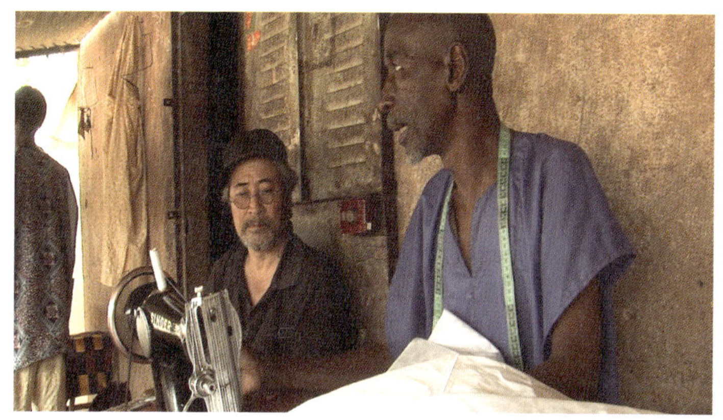

몹티에서 만난 다듬이질 옷감과 재봉틀

진흙 염색을 들인 보고란

다듬이질을 위해 맡겨진 옷감 중에 '보고란'이란 옷감도 눈에 띄었다. 말리 고유의 전통 무늬가 새겨진 보고란은 진흙으로 염색한 천이다. 눈앞에 두고도 진흙 염색이 믿기 어려운 터라, 진흙 염색 하는 모습을 직접 보고 싶었다.

보고란은 진흙을 물에 잘 갠 뒤 물감을 만들어 무늬가 그려진 틀을 대고 발라 옷감에 새겨넣어 만든다. 단순히 진흙만으로 어떻게 염색이 되는지 궁금해 옷감을 만지작거리니, 보고란 전문가가 나를 장독대로 안내했다.

그곳은 보고란을 염색하는 데 쓰이는 진흙을 보관하는 곳이었다. 항아리에 든 진흙은 김치로 치면 오랜 시간 숙성된 것으로, 니제르 강에서 퍼온 것을 자그마치 1년간 삭혔다고 한다. 직접 만져보니 갓 퍼온 진흙은 색이 검고 입자가 거친 데 비해, 삭힌 진흙은 윤기 도는 회색빛에 물감처럼 입자가 곱고 매끈거렸다. 이렇게 삭힌 진흙에 '응갈라마'라는 나뭇잎을 끓여 만든 약초 물과 재를 섞어 염색하면, 아름다운 갈색빛이 도는 보고란의 무늬가 새겨지게 되는

말리 고유의 전통 무늬가 새겨진 보고란은 진흙으로 염색한 천이다. 진흙을 물에 잘 갠 뒤 물감을 만들어 무늬가 그려진 틀에 펴고 발라 옷감에 새겨 넣어 만든다.

것이다.

옷에 새긴 진흙이 다 마르자 이번에는 천을 비벼 진흙을 털어내 보았다. 행여 진흙이 떨어져 나가면 색감이 덜 살아날지도 몰라 염려했지만, 신기하게도 염색한 부분의 색감은 더 짙게 되살아났다. 마른 진흙을 털어내고 찬물에 옷감을 주물럭거리며 비벼 빨면, 진흙 염색 부위가 점점 더 선명해진다고 한다.

일일이 사람의 손을 거쳐 탄생한 말리의 전통 옷감 보고란. 일 년을 기다려야만 곱디고운 진흙 물감을 만날 수 있고, 또 수많은 손길을 거쳐야만 이 아름다운 옷감이 탄생한다는 것에서 진정한 아름다움이란 그처럼 오랜 시간 정성을 들여야 완성된다는 평범한 진리를 새겼다.

어떤 소는 U자 모양의 뿔을, 또 어떤 소는 직선으로 곧게 뻗은 뿔이나 뒤로 굽은 뿔 등을 갖고 있다. 줄지어 걸어가는 장렬한 소 떼 행렬을 보니 아프리카 대륙의 장엄하고도 위대한 존재감을 다시금 느끼게 된다.

조금만 가까이 다가가면 여유로워 보였던 니제르 강 풍경은 가난과 싸우며 고단한 삶을 살아가는 말리 사람들의 생생한 생존의 현장으로 환치된다.

해질녘 니제르 강을 떠가는 피나세

Mali
Niger River

진흙으로 빚은 도시, 젠네

젠네 대사원

진흙의 예술

젠네 대사원

■

진흙 속에서 만난 진주

도시 전체가 진흙으로 뒤덮여 있지만 결코 투박하거나 허술하지
않은 곳, 진흙 속의 진주라 불리는 젠네^{Jenne}. 몹티에서의 여정을 마
치고 그곳으로 진흙 속에 꽃피워진 문명을 만나러 갔다.

1300년경 건설된 젠네는 서아프리카의 가장 오래된 도시이자 이슬
람 학문의 중심지이다. 니제르 강과 바니 강이 범람하는 삼각주에
있어 우기에는 물에 둘러싸여 마치 강 위에 둥둥 떠 있는 섬처럼 보
인다고 한다. 아프리카에서 만나는 '섬'이라니, 젠네를 돌아보기
도 전에 왠지 그 도시의 매력에 이끌렸다.

젠네의 모스크 중 최고로 손꼽히는 젠네 대사원은 인간이 흙으로 지은 가장 아름다운 건축물로 유명하다.

진흙 도시 젠네는 지난 100년 동안 변한 것 하나 없이 옛 모습을 그
대로 간직하고 있다고 한다. 이곳은 도시 전체가 하나의 예술 마을
로 불릴 만큼 진흙 빛 아름다움을 뿜어냈다. 과거에 진흙 파이 만들
기가 점차 예술의 경지로 변모되었고, 그것이 도시 전체를 진흙으
로 빚어내 지금의 모습을 갖추었다고 한다.

젠네의 진흙 건축물 중 단연 시선을 끄는 것은 진흙 모스크 mosque, 이
슬람 사원였다. 그 흔한 도구도 없이 맨손으로 지은 거대한 사원들 앞
에서 한동안 탄성을 멈출 수 없었다.

인간과 자연의 위대한 합작품

진흙으로 지은 건축물이 100년 동안 탄탄히 유지되어 왔다는 것이
놀랍다. 젠네의 모스크 중 최고로 손꼽히는 젠네 대사원 Jenne Grand
Mosque 은 인간이 흙으로 지은 가장 아름다운 건축물로 유명하다.
1280년경 세워졌다가 19세기 경 모래바람 속에 사라진 것을 1907
년 복원, 100년 동안 변함없이 보존시켜 왔다. 1988년 유네스코 세
계문화유산에 지정되었다.

외벽의 길이가 약 55미터, 높이가 20미터인 거대한 사원 외벽을 손으로 만져보았다. 일일이 진흙을 다듬고 두드리며 저 높은 꼭대기까지 쌓아나갔을 인간의 손길에 새삼 감탄하며, 높디높은 사원 꼭대기를 쳐다보았다. 여행의 묘미는 늘 새로운 것을 발견하는 데 있다. 젠네 대사원에서 그 여행의 묘미를 제대로 보았다. 일반적인 사원에는 돔 지붕과 하나의 첨탑이 있고 돔 끝에는 이슬람을 상징하는 초승달이나 샛별장식이 달려 있는 게 대부분이지만, 이곳에는 평평한 지붕 끝에 진흙 탑이 여러 개 솟아나 있으며 돔 끝에는 풍요와 다산을 의미하는 타조 알이 놓여 있었다. 국민 90퍼센트 이상이 무슬림이지만 아직도 그들의 토착신앙이 그대로 남아 있었던 것이다. 이슬람의 문화 위에 토착신앙을 결부시킨 젠네 대사원. 이 독특한 문화를 더 보고 싶어 성큼 안으로 들어가 보았다.

사원 내부를 빨리 둘러보고 싶은 마음에 그만 신발을 신고 들어갔다. 이 신성한 공간으로 들어가려면 무슬림이 아니어도 신발을 벗고 경의를 표해야 한다. 민망함과 미안함에 연신 고개를 조아리며 재빨리 신을 벗고 사원 안으로 들어갔다.

입구로 들어서자 탁 트인 안마당이 나왔다. 밖에서 보았을 때에는

지난 100년 동안 변한 것 하나 없이 옛 모습을 그대로 간직한 진흙 도시 젠네. 과거에 진흙 파이 만들기가 점차 예술의 경지로 변모되었고, 그것이 도시 전체를 진흙으로 빚어내 지금의 모습을 갖추었다.

이런 공간이 있으리라고 전혀 상상하지 못했다. 그런데 신기하게도 넓은 공터가 사원 중앙에 자리하고 있었다. 그 공터를 빙 에워싸고 있는 외벽에는 수십 개의 출구가 뚫려 있고, 그곳으로 들어서면 무슬림들이 기도를 올릴 수 있도록 길게 연결된 기도 공간이 마련되어 있다.

사원 내부는 너무나 정교했다. 100퍼센트 진흙으로 만들었다고는 믿기지 않을 만큼 섬세했다. 벽면은 반듯하고 네모난 형태를 띠고 있으며, 수백 개의 흙기둥들은 거대하면서도 웅장했다. 이 기둥들은 진흙으로만 지어진 건물을 지탱하기 위해 세워졌다. 진흙으로 만든 사원이 100년의 세월을 버텨올 수 있었던 것도 바로 기둥 때문이 아닌가 생각했다. 그 사이사이의 길들은 마치 복잡한 미로처럼 보여 신비로움을 자아냈다. 진흙으로 지은 사원답게 흙냄새와 동굴 냄새가 어우러져 습한 기운이 뿜어져 나왔다.

사원을 둘러보다 보면 종종 뜻하지 않은 손님도 만나게 된다. 바로 박쥐다. 사원 안은 낮에도 비교적 서늘 하기 때문에 바깥으로부터 들어온 무더운 공기는 100여 개에 달하는 기둥 사이의 홈을 거쳐 찬 공기로 바뀌게 된다 박쥐들이 자주 찾는 장소라고 한다. 이 불청객들을 내쫓기 위해 가끔 경건한 사원에서

긴 막대기를 휘두르며 한바탕 소동이 벌어지지만, 무슬림들은 아랑곳하지 않고 기도를 올려 묘한 대비를 이루었다.

내부를 둘러본 뒤 다시 밖으로 빠져나와 멀리서 젠네 대사원을 바라보았다. 가까이 있을 땐 잘 몰랐는데, 외벽에 촘촘히 나무토막이 박혀 있었다. 야자나무로 만든 토론^{Toron}이라는 이 나무는 얼핏 보면 아파트 공사현장에 툭툭 버려진 폐자재처럼 보이기도 하지만, 사원의 진흙 벽을 지탱하고 장식할 뿐 아니라 건축물의 온도와 습도를 조절해 준다. 또한 해마다 행해지고 있는 진흙 보수공사 때 인부들이 발을 딛고 오르는 사다리 역할을 한다.

특이하게도 사원 주변에는 이슬람 현자들을 모신 성인 무덤이 60개나 자리하고 있다. 울룩불룩 솟아오른 모양이 마치 둥근 원뿔 같기도 하지만 안으로 들어가면 평평한 공간이 드넓게 펼쳐져 있다. 사람들이 성인의 무덤을 찾는 이유는 돈이나 곡식을 바치면 잃어버린 것을 찾을 수 있고, 또 아이를 가질 수 있다고 믿기 때문이다.

젠네 대사원을 제대로 감상하려면 일출 무렵에 찾아가는 것이 좋다. 한화로 약 2,000원만 주면 젠네 대사원 광장 건너편에 오밀조밀 모인 민가 옥상에 올라갈 수 있으며, 그 곳에서 해가 뜰 무렵 사원의 아름답고 웅장한 모습을 한눈에 감상할 수 있다.

말리의 젖줄, 니제르 강 풍경

통북투에서 바마코 가는 길에 만난 말리의 독특한 농지 풍경

진흙의 예술

■

진흙집의 비밀

젠네 대사원을 뒤로 한 채 마을 전체가 하나의 흙벽으로 이어져 진
흙 요람처럼 보이는 마을로 들어섰다. 바로 2천여 채의 전통가옥이
있는 상코레 마을이다.

집들은 대개 네모반듯하게 지어져 있지만 간혹 옛날식 벽돌로 지
어 우둘투둘하고 투박한 집들도 눈에 띈다. 여전히 전통 건축방식
을 고수하고 있지만, 옛날처럼 손으로 만든 벽돌이 아니라 틀에 찍
어 만든 벽돌을 사용해 짓기 때문에 마을 건물들은 대부분 현대적
인 외관을 띠고 있다.

수많은 진흙집 중에서도 가장 아름답고 오래된 집을 직접 찾아가

보기로 했다. 현지인이 가리킨 집 꼭대기에는 특이하게도 흙빛 남
근상이 우뚝 솟아있었다. 젠네 대사원에서 그랬던 것처럼 풍요와
다산을 기원하는 토속신앙의 흔적이 이곳에도 남아 있는 것이다.
진흙집 내부는 매우 특이한 구조를 띠고 있었다. 현관을 지나면 방
이 나오고, 다시 그 방을 지나면 한가운데 뻥 뚫려 있는 안마당이
나오는 식이다. 이 마당을 중심으로 빙 둘러 방이 자리하고 있는데,
이곳은 모든 방과 연결되어 있어 방방마다 드나들 수 있는 통로가
된다. 한국인의 시선으로 보면 매우 낯선 구조이지만, 이 무더운 나
라에서 살아가려면 이 가옥구조가 최선일 거라는 생각이 들었다.
젠네의 진흙가옥은 한국의 전통가옥과 의외로 공통점이 있다. 천
장에 덧발라진 진흙 틈새로 보이는 기다란 통나무는 어릴 적 살았
던 초가집의 서까래를 떠올리게 한다. 이 멀고도 먼 나라에서 또 다
시 어릴 적 향수가 되살아나, 여행에서 떠올린 옛 추억으로 인해 새
로운 추억 하나를 만들었다.

상코네 마을 풍경과 진흙을 나르는 모습

진흙놀이에 빠진 아이들

진흙은 상코레 마을 아이들에겐 최고의 놀잇감이다. 골목에 놓인 진흙 웅덩이 안에는 네다섯 살 된 아이들이 폴짝폴짝 뛰어 놀고 있고, 그 옆에는 중학생쯤 된 소년이 곡괭이로 열심히 진흙을 섞고 있다. 얼핏 보면 진흙 장난을 하는 것 같지만 이 아이들은 지금 '성스러운 노동'을 하고 있는 중이다. 허벅지까지 푹푹 빠지는 진흙더미 안에서 연신 발로 밟고 곡괭이로 뒤섞으며 진흙집을 보수하기 위해 흙을 반죽하고 있었다. 거친 숨을 몰아쉬며 열심히 '방코'를 만들고 있는 모습이 안쓰럽기도 하지만, 아이들에겐 이 일이 오랜 전통이자 그들만의 문화였다.

'방코 Banco'라고 부르는 진흙 반죽은 강에서 막 퍼온 붉은색 진흙과는 달리 희한하게도 섞으면 섞을수록 회색 빛깔이 더해진다. 단순한 흙처럼 보이지만 이 마을의 고유 건축자재인데, 물, 쌀겨, 톱밥 등을 섞어 강한 접착력을 갖고 있는 것이 특징이다. 곧 우기가 다가올 것을 염려해서인지 아이들의 발걸음은 더욱 분주하기만 하다.

오랜 시간에 걸쳐 반죽이 끝나면 보수공사가 필요한 집으로 반죽

말리에서 만난 아이들은 모두 분주하다. 흙벽을 지나는 소녀에게서도 탄탄한 생활의 자취
가 묻어나온다.

을 배달하는 것 역시 아이들의 몫이다. 바구니에 재빨리 방코를 담아 배달을 하면 어른들은 그 방코를 벽에 칠한 다음, 얇게 펴 맨손으로 덧바르기 시작한다.

상코레 마을의 진흙집 보수공사는 아이부터 어른까지 모두 합심해서 이뤄지는 일종의 마을잔치다. 그 잔치에 한 번 끼어보고 싶어 직접 진흙 덩어리를 발라 보았다. 하지만 서툰 솜씨 때문인지 바르는 족족 툭툭 떨어져버렸다. 진흙 하나 제대로 바르지 못하는 나를 보며 마을 사람들이 키득키득 웃기 시작했다. 하지만 실수를 거듭하자 그들의 웃음은 점점 따가운 시선이 되어 되돌아왔다.

나에게는 진흙을 바르는 일이 그저 '여행자의 호기심'일 뿐이지만 마을사람들에게는 당장 내일을 걱정해야 하는 '처절한 생존'의 문제가 아니던가. 호기심에 방코를 빌려 보수공사에 합류했지만, 오히려 다시 덧발라야 하는 수고로움만 준 것 같아 미안했다.

내가 발라놓은 울퉁불퉁한 진흙 벽은 숙련된 마을 사람들의 손길에 의해 어느새 평평하고 고르게 되었다. 신기하게도 툭툭 덧발라 벽을 쓰다듬듯 진흙을 매만지면 기계로 빚어낸 것처럼 매끄러운 외벽이 완성되는 것이다. 오직 진흙과 인간의 손만으로 이렇게 위

대한 결과물을 만들어낼 수 있다니, 마을사람들에게 미안했지만
지켜보는 내내 놀라움을 금치 못했다.

아슬아슬한 진흙 곡예사

아직 동이 트기도 전인 새벽녘. 어둠이 짙게 드리워진 시간에 여러
명의 청년들이 힘겹게 젠네 대사원을 오르고 있었다. 그것도 사원
외벽에 있는 토론을 밟고 몸의 반동을 이용해 꼭대기까지 올라가
는 것이다. 기본적인 안전장치도 없이 맨몸으로 그 높은 곳을 오르
는 청년들을 보고 있자니 가슴이 쿵쾅쿵쾅 요동을 쳤다. 괜스레 다
칠 것 같은 노파심 때문이었다.
이 청년들은 1년에 한 번 열리는 '진흙 바르기 축제<sup>매년 우기 직후에 마을
사람들이 모두 참여하는 젠네 대사원 보수공사</sup>'를 위해 투입된 전문 보수공사 '꾼'이
다. 이들이 토론을 붙잡고 아슬아슬하게 사원 꼭대기로 올라가는
행위가 축제의 서막을 알리는 의식이었던 것이다.
서서히 동이 트고 본격적인 축제가 시작되자 젠네의 젊은 청년들
이 우르르 사원을 향해 달려 나왔다. 행렬 맨 앞에는 말리의 국기를

미지의 대륙 아프리카는 보이는 모든 것이 한 편의 그림이다. 아시아의 작은 나라, 그것도
빽빽한 빌딩 숲을 뒤로한 채 이곳을 찾은 늙은 여행자에게는 아프리카의 풍경 자체가 그저
경이로울 뿐이다.

든 청년이 보이고, 그 뒤를 따르는 사람들은 긴 나무 사다리를 줄줄이 들고 나와 사원 외벽에 세워놓았다. 즐거운 축제라기보다는 마치 치열한 전투를 방불케 하듯 장엄한 분위기였다.

달려나온 청년들은 제각각 사다리를 이용해 사원 외벽에 올라 토론에 매달렸다. 마을 여자들은 재빨리 물 한 동이를 이고 와 강에서 퍼온 진흙에 들이붓고, 쌀겨와 톱밥을 함께 넣은 커다란 진흙 웅덩이에서 아이들이 신나게 뛰어 노니 비로소 방코가 완성되었다.

남녀노소를 불문하고 마을 사람 모두가 합심해서 만든 방코는 곧바로 숙련된 청년들에게 건네졌다. 이 방코를 이용해 가장 고난도의 기술을 필요로 하는 탑 주위는 노련한 청년들이 보수공사를 하고, 그 외의 나머지 부분은 난이도에 따라 마을 남자들에게 고루 분배한다. 이제 본격적인 진흙 바르기 축제가 시작되었다. 한참 동안 진흙 보수공사가 계속되더니 어느새 이 거대한 젠네 대사원은 새 옷을 갈아입은 듯 말쑥한 모습으로 변신했다.

오직 젠네에서만 볼 수 있는 진흙 바르기 축제. 운이 좋게도 1년에 단 한 번 열리는 이 축제를 함께 하고 나니, 진흙 도시 젠네가 오랫동안 건재할 수 있었던 이유를 조금이나마 알 것도 같았다.

통북투에서 바마코로 가는 길에 만난 니제르 강 풍경

2부

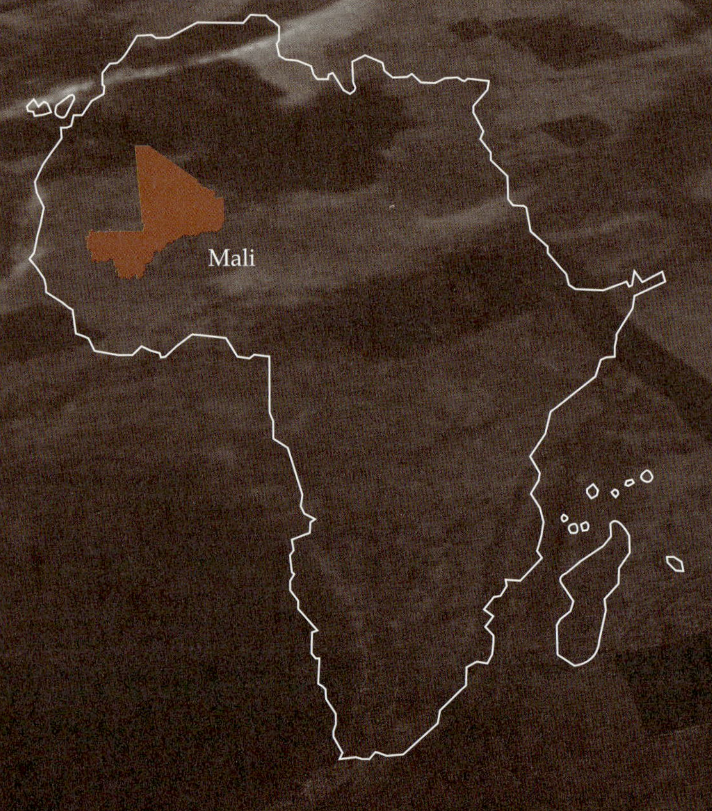

말리에서 사람을 만나다

사람들을 만나러 저 멀리 아프리카로 향한다.

누구를 만나게 될지는 알 수 없지만

홀로 떠나는 여행이 결코 외롭지 않은 건

어딘가에 있을 누군가를 만날 수 있기 때문이다.

때 묻지 않은 사람들이 모여 사는 그곳.

나는 지금

사람들을 만나러 말리로 간다.

Tombouctou
Bamako

1장
보조족 사람들

축제의 나라

그리오가 부르는 아프리카의 전통 음악

맛깔스런 훈제생선

축제의 나라

■

말리는 축제의 나라다. 다 같이 삶을 축복하며 흥을 나누기 때문에 이들의 축제에는 춤과 노래가 빠지지 않는다. 20여 개의 독특한 전통문화를 가진 종족들이 모여 살고 있는 만큼, 제각각 독특한 전통축제가 끊이지 않는다. 바마코 시내에서 만난 보조족 축제는 이런 말리 사람들의 모습을 엿볼 수 있는 좋은 기회였다.

보조족은 서아프리카 종족 중 하나로, 니제르 강변을 따라 거주하며 어업으로 생계를 이어가는 '말리의 어부들'이다.

보조족 역시 대다수가 무슬림이지만 이들은 특이하게도 전통 토템신앙을 갖고 있다. 보조족의 전통축제는 뿌리 깊은 이슬람 문화 위에 독특한 토착신앙이 묘하게 뒤섞여 있다.

축제에서 가장 먼저 만난 것은 토킹 드럼에 맞춰 흥을 즐기는 사람들의 모습이었다.

축제는 꽤 오랜 시간 동안 이어졌다. 풍어를 비는 물고기 모형과 보조족 토템인 황소 모형이 등장해 풍요를 기원하는 의식이 이어지고 나자, 북소리와 함께 본격적인 탈춤 한판이 시작되었다. 무더운 날씨에 온몸을 격하게 흔들며 흥을 돋우는 춤사위를 보니 마치 우리의 마당놀이처럼 절로 흥이 났다.

점점 분위기가 고조되자 뒤이어 남자들로만 구성된 드럼 밴드가 등장했다. 흥겹게 북을 치며 관중들에게 다가가자 축제를 구경하는 보조족과 다른 여러 종족, 그리고 낯선 여행자들까지 한데 어우러져 춤을 추었다.

그들과 쉽사리 어울리지 못하고 그저 구경만 하고 있던 나에게 옆자리에 앉아 있던 한 남자가 팔을 잡아끌었다. 누가 축제의 주최자고 누가 관중인지는 중요치 않다는 듯 그저 신명나게 한판 놀아보자며 나를 춤판으로 끌어들인 것이다. 그것이 진정한 축제의 의미다 싶어 못이기는 체 춤판으로 끌려들어갔다.

대지와 북소리와 심장이 일체가 되어 울렸다. 혼을 불사르며 연기를 할 때에도 느끼지 못했던 감흥이 물밀듯 밀려온다. 이름 모를 사

람들과 축제의 한복판에서 춤을 추는 이 기묘한 감흥은, 그 후로도
오랫동안 지속되었다.

말리의 수도 바마코의 시장 풍경

CHEICKN
COMMERCA
PIECES DET
YAMAH
BAKOROBA DIAKITE
DIT BAKO
COMMERCANT PIECES DETACHEES
MERCEDES MARCHE DIBIDA
TEL 223 63 64 CELL 673 25 76
00 39 13 695 34 44 MAG N.B.85 BAMA
LONDON

그리오가 부르는 아프리카의 전통 음악

■

전문 음악인 그리오

한바탕 춤을 추고 나니 여기저기 팔다리가 쑤셨다. 배우니까 원래 무대 체질이긴 하지만 아프리카에서까지 춤을 추게 되리라고는 생각지도 못했다. 감흥의 여운이 채 가라앉기도 전에 나를 춤판으로 끌어들인 남자가 또 다시 손을 잡아끌었다. 그는 다름 아닌 말리의 직업 음악인 '그리오'였다.

그리오는 축제 현장뿐 아니라 음악과 전통이 있는 곳이라면 어디든 찾아간다. 서아프리카의 전통 구송 시인으로도 불리는 이들은 부족의 역사와 신화를 노래로 읊어 후대에 전하는 직업 음악인으로, 이들 한 사람 한 사람이 살아있는 역사다. 때문에 그리오 한 사

그리오는 자신의 종족이 지닌 전통노래를 하나도 빠짐없이 알고 있고, 정치·경제·역사·문화·생활방식 등에 대해서도 정확하게 파악하고 있는 '노래하는 역사가'이다.

람이 사라지면 그 부족의 역사가 사라진다고 해도 과언이 아니다. 보조족 축제에서 만난 그리오 코니 데이는 나를 춤판으로 끌어들인 것도 모자라, 자신의 종족인 만딩고족의 역사를 들려주겠노라며 자신의 집으로 안내했다.

얼떨결에 찾아간 코니 데이의 집에서 칼람^{khalam}이라고도 불리는 서아프리카의 대표 현악기인 '고니'를 처음으로 보았다. 고니 연주는 마치 기타를 치는 것과 흡사하다. 물론 그 음색이나 연주하는 방식은 전혀 다르지만, 고니를 연주하며 랩을 하듯 만딩고어로 읊조리는 코니를 보니, 마치 한국의 70년대 통기타 가수를 보는 듯했다. 코니가 읊고 있는 것은 만딩고족의 역사이다. 장대한 역사를 음악으로 승화시켜 부르는 작업은 우리가 그저 흥에 겨워 부르는 노래와는 많은 차이가 있다. 자신의 종족이 지닌 전통노래를 하나도 빠짐없이 알고 있어야 하며, 그들의 정치, 경제, 역사, 문화, 생활방식 등에 대해서도 정확하게 파악하고 있어야 하기 때문이다. 그 방대한 지식을 바탕으로 그때그때 시나 노래로 읊는 것이 바로 전문 음악인 그리오가 하는 일이다. 그러므로 코니는 '노래하는 역사가'이자 '훌륭한 조언가'이며 '전문 이야기꾼'인 셈이다.

수많은 종족들이 자신만의 문화와 전통을 이어가고 있는 아프리카 말리의 산 역사를 그리오를 통해 통째로 접할 수 있었다. 그리오는 아프리카로 통하는 비밀 통로와도 같았다.

고니와 따망에 홀리다

한참 연주를 하던 코니 데이가 선뜻 고니를 내게 내밀었다. 한번 연주해보겠냐는 뜻이다. 안 그래도 배우 인생 40년이라는 경력이 있는 나는 고작 저 악기 하나 다루지 못할까 싶어 눈썰미 있게 지켜보고 있던 차였다. 나는 코니 데이가 고니를 뜯는 모습을 다시 한번 찬찬히 살펴본 뒤 고니 연주를 해보겠다고 했다.

고니를 건네받아 현을 뜯어보았다. '딩딩딩' 둔탁한 소리가 났다. 조금 전 코니 데이가 연주했던 맑은 음색은 전혀 나오지 않았다. 여러 번 다시 튕겨도 보고 잡아 뜯어도 보지만 여전히 딩딩거리기만 했다. 코니 데이가 연주하던 맑은 소리가 귓전에 남아 있는데, 그 소리를 도저히 따라갈 수 없었다. 하는 수 없이 손사래를 치며 고니를 코니 데이에게 돌려주었다. 아프리카의 뿌리 깊은 역사와 전통

통북투의 시장 풍경

하늘에서 내려다본 아프리카 말리. 가고 싶지만 차마 갈 수 없었고, 가려 해도 좀처럼 가기 힘들었던 미지의 땅을 내려다보는 기분이란, 육십 평생을 통틀어 가장 행복하고도 숨막히는 경험이었다.

이 그대로 녹아들어 있는 전통악기라서 그런지 만만하지 않았다.

이번에는 코니가 토킹 드럼을 꺼내들었다. 타마^{Tama}라고도 불리는 서아프리카 대표 타악기 '따망'이다. 따망은 한 팔에 휘감을 만큼 아담하고 길쭉하게 생겼다. 그것을 왼쪽 겨드랑이 사이에 잘 고정시킨 뒤, 오른손으로는 곰방대처럼 생긴 '채'를, 왼손은 다섯 손가락으로 피아노 건반을 두드리듯 해야 제대로 소리가 난다.

'따망'은 손쉽게 연주할 수 있을 것 같았다. 타악기는 그 모양만 다를 뿐 두드린다는 것은 같지 않은가. 다만 민족의 개성에 따라 고유의 박자가 있어 그 리듬만 잘 타면 될 것 같았다. 데니 코이의 연주를 듣고 따라해 보았다. 하지만 겹박자 리듬을 타며 연주하는 따망도 만만치는 않았다. 단순히 북을 두드리듯 연주를 하니 마치 책상이나 벽을 두드릴 때 나는 소리처럼 아무런 감정도 실리지 않은 밋밋한 소리가 났다. 코니가 연주한 박자를 떠올리며 다시 한번 연주해보지만, 마찬가지였다.

코니가 북을 다시 건네받더니 차근차근 연주법을 설명해주었다. 듣기만 해도 흥겨운 따망은 모래시계처럼 생긴 몸통 중앙을 꾹꾹 눌러주며 어깨와 팔 힘을 이용해 강약을 조절해야만 음의 높낮이를 맞출 수 있었다. 한국의 북이 크거나 작게만 소리를 내는 데 반해, 따망은 높낮이를 통해 음정과 리듬을 만들어냈다. 그래서 그런지 들으면 들을수록 신비로웠다.

코니의 설명을 듣고 난 뒤 이 매력적인 악기를 다시 한 번 팔에 끼고는 몸통을 누르며 두드리니, 이번에는 제법 맑은 고음이 났다. 나의 서툰 연주에 코니 데이와 그의 가족들은 흥겹게 춤을 추었다. 그들에게 언제나 음악이 함께하는 것처럼 지금 이 순간 내 마음에도 그들의 존재를 함께 담아두었으면 했다.

반디아가라 절벽으로 가는 길에 만난 풍경

맛깔스러운 훈제생선

바마코에서 만났던 보조족을 다시 만난건 니제르 강가를 한가롭게
걸을 때였다. 언제나 그렇듯 니제르 강변은 평화로워 보였다. 그리
고 그곳에서 그물을 이용해 고기를 잡는 보조족을 만나게 된 것이
다. 말리에 와서 처음 만난 종족이었기 때문일까. 마치 옛 친구를
만난 듯 반가웠다.

주로 건기에만 물고기를 잡는 유목민족인 보조족은 평균 일 년에
두 번 정도 이사를 다닌다고 한다. 지금은 일부 지역에 정착해 쉽게
그들을 만날 수 있었다.

이들이 타고 있는 배는 우리나라 쪽배처럼 속이 움푹 파인 피나세
이다. 피나세는 몹티의 주요 수상교통 수단이기도 하지만, 이들이
고기잡이를 위해 타고 다니는 작은 피나세 크기가 작은 배는 '피로그' 라고도 불림

는 생계수단이기도 하다. 땡볕 아래 수십 번 그물망을 던지며 고기를 잡는 보조족을 보니, 한가로이 떠다니던 피나세를 보며 운치와 낭만 운운했던 것이 괜스레 미안해진다.

보조족 남자들의 고기잡이가 끝나면 이제부터 남은 일은 모두 여자들의 몫이다. 여자들은 강가 옆 평평한 곳에 짚을 넓게 깔고 그 위에 남자들이 잡아온 물고기들을 잘 손질하여 올려놓았다. 그러고는 짚에 불을 놓아 그 열기와 연기로 물고기가 검붉게 될 때까지 훈제를 했다. 한쪽으로만 타지 않도록 막대기를 이용해 잘 뒤적거리기도 하고 짚이 떨어지지 않도록 새 짚을 갖다 놓기도 했다.

드디어 여자들의 일이 끝났다. 전통 물고기 훈제법으로 탄생한 훈제생선이다. 싱싱한 물고기를 그대로 먹으면 좋으련만 왜 이렇게 복잡한 과정을 거치는지 궁금했다.

보조족 여인에게 물으니, 냉장 시설이 따로 없기 때문에 폭염에 물고기가 상하는 것을 막기 위해 훈제를 한다고 일러주었다. 또 훈제하는 과정에서 물고기가 자연스레 건조되기 때문에 물고기의 무게와 부피가 줄어들어 보관과 운반이 쉽고, 훈제된 물고기가 훨씬 맛이 좋아 더 비싼 값에 팔 수 있다고 했다.

짚 위에 고기를 올려놓고 짚에 불을 놓아 그 열기와
연기로 물고기를 훈제하는 보조족의 생선 보관법에
서, 무더운 나라 사람들의 삶의 지혜를 엿볼 수 있다.

문화적 차이 때문에 선뜻 그들이 권하는 훈제생선을 뜯어먹지는 못했지만, 이 무더운 나라에서 보조족이 생존하기 위한 삶의 지혜는 고스란히 느낄 수 있었다.

그들만의 음식문화

니제르 강변에서 만난 보조족을 따라 그들이 살고 있는 카골라가 마을로 향했다. 물고기를 잡아 생계를 유지하는 어부들답게 마을 어귀에 들어서자마자 잘 구워진 생선 냄새가 진동했다.

보조족의 매 끼니 식사에는 어김없이 생선이 오른다. 특히 집집마다 생선을 주재료로 한 꾸스꾸스 Couscous를 먹는 모습은 마을 어디를 가나 쉽게 볼 수 있는 풍경이다. 이슬람 문화가 아프리카에 전해지기 시작하면서 함께 들어온 꾸스꾸스는 조나 쌀 등의 곡식을 쪄서 고기와 야채, 생선소스 등을 곁들여 먹는 말리의 전통음식이다.

저녁식사 시간, 한 보조족의 집으로 들어가니 한국의 양푼을 연상케 하는 큰 그릇을 가운데 두고 꾸스꾸스를 먹고 있었다. 찌개를 가운데 두고 함께 퍼먹는 우리와 비슷한 음식문화를 갖고 있었다. 다

전 세계 어디를 가도 아이들은 사랑스럽다. 장난기 가득한 아이들의 표정이 속세에 찌든 늙은 여행자의 가슴을 맑게 씻어내주기도 하고, 여행이 주는 새로운 '만남'의 기쁨을 새삼스레 깨닫게도 만든다.

만 그들은 꾸스꾸스를 손으로 버무린 뒤 뭉쳐서 먹었다. 이내 문화적 이질감이 느껴졌다.

환영한다는 의미로 보조족 남자가 자꾸만 꾸스꾸스를 권했다. 낯선 이방인에게 음식을 건네는 따뜻한 마음은 고마웠지만, 보조족의 음식문화에 선뜻 동참하기란 정말이지 쉽지 않았다. 거절하는 것이 예의가 아니라는 것을 알면서도 차마 함께 마주 앉아 밥을 먹을 수 없어 극구 사양을 하고는 서둘러 밖으로 나왔다. 꾸스꾸스를 먹을 용기가 좀처럼 생기지 않았다. 보조족의 일상에 좀더 들어가지 못해 못내 아쉬웠다.

통북투 공항에서 만난 노을

Tombouctou
Bandiagara

2장
사막에서 만난 사람들

코란을 읽는 아이들

암염의 전사, 투와레그족

코란을 읽는 아이들

■

나무판 위에 새긴 희망

자식을 길러본 이들은 모두 그렇겠지만, 어느 도시, 어느 지역을 가
더라도 거기에 사는 아이들의 모습이 눈에 먼저 들어온다.
최빈국 말리에서도 가장 먼저 눈에 들어온 건 아이들 모습이었다.
못 입고, 못 먹은 어린 시절을 보낸 터라, 가장 기본적인 생활도 보
장받지 못하는 말리 아이들을 보면서 동병상련을 느꼈다. 앙상한
팔과 다리에 삶의 무게를 매달고 생계를 위해 부지런히 움직여야
하는 아이들이 안타까웠다.
통북투에서도 사원 외벽에 기대어 나무판에 쓰인 코란을 읽고 쓰
며 공부하는 소년들을 만났다.

아이들은 그 흔한 교실도 없이 길거리나 다름없는 담장 아래서 선생님이 읽어주는 코란을 열심히 따라 외우고 있었다. 한 명의 아이가 공부할 수 있는 공간은 너무나 비좁기 때문에 무더위에도 다닥다닥 붙어 앉아 있었다. 그러다 한낮 뜨거운 태양이 비칠 때면 아이들은 그늘진 외벽에 줄줄이 붙어 앉아야 했다. 정말이지 공부를 하기에는 너무도 열악한 환경이었다.

비쩍 마른 한 아이의 얼굴에 파리 몇 마리가 날아들었다. 파리는 아이의 눈썹과 입가에 붙어 좀처럼 떨어질 줄을 몰랐다. 하지만 아이는 아랑곳하지 않은 채 계속해서 코란을 읊조리고 있었다. 보는 내내 가슴이 아팠다. 슬그머니 다가가 파리를 내쫓고는 한동안 앙상한 아이의 손을 쓰다듬으며 말없이 고개만 숙였다.

한 아이가 가느다란 나뭇가지를 연필 삼아 나무판자에 열심히 글씨를 쓰고 있었다. 이런 환경에서 공부를 하는 것도 놀라울 따름이지만, 코란을 다 외우는 데 걸리는 기간은 아무리 빨라도 4년 이상이 걸린다는 말에 더더욱 놀랄 수밖에 없었다. 가난 때문에 언제까지 공부할 수 있을지도 모르는 데다, 공부를 한다고 해도 이 열악한 환경에서 오랜 시간을 감내해야 하는 아이들의 현실에 가슴 한 구

통북투와 반디아가라 거리에서 만난 아이들

비록 길거리에 앉아 있고, 걸친 것은 변변치 않지만 아이들은 쉽게 절망하지 않는다. 그래서 아이들은 미래의 소중한 희망이다.

석이 미어져왔다.

모래먼지 가득한 사막의 도시에서 과연 이 아이들이 얼마나 더 공부할 수 있을까?

그렇지만 모래바닥에 줄지어 있는 아이들의 모습에서 나는 희망을 발견했다. 이미 학문의 중심지로서의 명성은 황금도시의 명성과 함께 사라졌지만, 이슬람에 대한 열정은 여전히 현재형임을 분명하게 느낄 수 있었다. 그리고 이렇게 배우려고 하는 노력 그 자체가 희망이라는 생각이 들었다. 빨리 이 나라가 발전을 해서 좀더 좋은 환경에서, 좀더 좋은 모습으로 공부 할 수 있게 되기를 바라는 마음이다.

사원 외벽에 오밀조밀 앉아 코란을 외우고 있는 아이들을 바라보며 한동안 이런 생각과 바람이 머리에서 떠나질 않았다.

흙벽에 옹기종기 모여 나무판에 코란을 써나가던 말리의 아이들. 척박함 속에서 희망을 만들어가는 그 모습이 오래도록 가슴에 남는다.

어린 암염 배달부

가난한 나라의 아이들이 으레 그렇듯, 통북투의 아이들도 학교에서 돌아오면 무거운 일상의 노동이 기다리고 있다. 코란 공부를 마친 아이들은 부모님을 도와 일을 해야 한다. 그런 일 중 하나가 천연 소금 덩어리인 암염을 배달하는 것이다.

학교 수업이 끝나면 친구들과 재잘거리며 논다든가 취미를 즐긴다든가 하는, 여느 나라 아이들이 갖는 여유와 즐거움을 이곳 아이들에게서는 찾아볼 수 없다. 아이들은 학교가 끝나면 곧장 당나귀의 등에 판자처럼 넓은 암염 덩어리를 싣고는 그 위에 올라타고 배달할 곳으로 향한다.

단지 몇몇 아이들만이 아니라 통북투 아이들 대다수는 이렇게 생활하고 있다. 이곳에서는 암염 판자가 크고 고를수록 좋은 값을 받기 때문에 암염을 배달하는 아이들은 잔뜩 긴장한 채로 일을 해야 했다.

언젠가 이 아이들이 어른이 되면 암염을 다루는 일에 더 능숙해지겠지만, 열심히 코란을 공부하는 이 아이들에게 더 나은 미래가 없다는 사실이 너무나 안타까웠다. 제 아무리 소금이 중요한 나라라고는 하나, 꿈도 없이 옛날의 생존 방식을 그대로 답습하는 아이들, 더 비싼 값을 받기 위해 조심스레 암염을 배달하는 아이들의 표정을 바라보자니 씁쓸했다.

통북투 거리에서 만난 아이

암염의 전사, 투와레그족

■

전사를 찾아가는 길

소금 시장이 있는 통북투 시가지를 벗어나 끝도 없이 펼쳐진 모래 언덕 능선을 따라 걸었다. 사하라 사막에서 서아프리카의 건조지대에 걸쳐 살고 있는 사막의 전사 투와레그 ^{Tuareg} 족을 만나러 가기 위해서다.

사막의 뜨거운 태양 아래 걷다 보니 금세 뼛속까지 벌겋게 달아올랐다. 하지만 사막은 가도 가도 끝이 보이질 않았다. 몸이 사막의 모래 속으로 쑥쑥 빨려들어가는 듯했다. 발걸음이 자꾸 헛딛는 것 같았다. 그제서야 난 왜 그늘 하나 없는 사막 한가운데 그토록 서 있고 싶었는지, 스스로 자문했다. 육십이면 산전수전 다 겪은 나이라고 생각했는데, 사막에서 느끼는 인간의 한계는 그 어느 것에도 비할 바가 아니었다. 다 포기하고 돌아가자는 생각이 수시로 머리 끝까지 차올랐다. 그 때 저 멀리 모래언덕 능선 끝에서 어슴푸레 사람의 형체가 보였다. 투와레그족이었다.

그들과 마주할 수 있다는 생각에 다시금 힘을 내어 걸으니 투와레그족이 세웠다는 전쟁기념탑이 먼저 눈에 들어왔다. 승부욕과 자존심 강한 투와레그족은 그 옛날 자신들만의 나라를 세우기 위해 사하라 사막을 경계로 한 나라들과 전쟁을 벌였다. 하지만 끝내 성공하지 못했고, 그들은 결코 전쟁을 일으키지 않겠다는 의미로 이 전쟁기념탑을 세운 것이라고 한다.

전쟁기념탑 아래는 버려진 총기들이 둥그렇게 또 하나의 탑을 이루고 있는데, 이 총기는 '다시는 싸우지 않겠다'는 투와레그족의 굳은 결의를 담은 것이며, 지금까지 그들은 이 약속을 굳건히 지켜오고 있다고 한다.

전쟁기념탑을 지나 또 다시 사막길을 걷고 또 걸어 마침내 투와레그족 마을에 도착했다. 투와레그족은 암염이 황금과 맞먹던 시절, 소금광산에서부터 암염을 옮겨와 이를 독점 거래해 막대한 부를

투와레그족의 전쟁기념탑과 사막 풍경

축적한 유목민이다. 하지만 사하라 사막 주변에 있는 인근 나라들과 끊임없이 전쟁을 벌이고, 사막 중앙부의 암염 값이 폭락한 데다 물을 찾기 힘들어진 사하라 사막의 환경 변화를 겪으며, 점차 유목민으로서의 삶을 포기하게 되었다. 이후 통북투를 중심으로 정착촌을 형성하기 시작해 지금의 투와레그족 마을이 생겨났다.

마을은 사막 한가운데 둥근 원뿔 모양의 천막이 군데군데 있는 천막촌 형태였다.

마을 입구에서 투와레그족 여인들을 만났다. 반가운 마음에 인사를 건넸지만 그들은 미처 담소를 나눌 새도 없이 총총 가버렸다. 나중에 알고 보니 여인들은 물을 길으러 가는 길이었다. 물을 긷기 위해서는 마을에서 30분 정도 떨어진 공동수도까지 가야 하는데, 더 뜨거워지기 전에 사막을 가로질러야만 겨우 한 통의 물을 길어올 수 있다고 했다.

분주하게 사막을 걸어가는 여인들을 더 이상 붙잡을 수 없었다.

사막의 캐러반 투와레그족을 만나는 길은 험난하기만 하다. 하지만 포기할 때쯤 마주친 여성은 소중한 길 안내자였고, 투와레그족 사람이 한밤에 건넨 따뜻한 차는 참 좋은 피로 회복제었다.

척박한 환경은 강인한 사람을 길러내는 듯하다. 쉴새없이 불어오는 모래바람에 세상은 온통 누런 황금빛이지만, 길을 지나는 소년은 그저 무심하기만 하다.

사막에서의 흥정과 여흥

사막을 가로질러온 지친 늙은이에겐 잠자리가 간절하다. 염치 불구하고 투와레그족 정착촌에 머물던 몇몇 소금 캐러반들과 동침을 하기로 결정했다. 이들은 사하라 사막 중심에 위치한 소금광산에서 장장 40여 일 동안 사막의 길을 따라 암염을 운반하는 사람들이다. 옛 명성에 견줄 수는 없지만 사하라 사막에는 아직도 예전 방식 그대로 소금교역이 이루어지고 있기 때문에, 솔트로드를 횡단하며 소금을 운반하는 이들의 힘은 실로 막강했다.

지금은 소금 캐러반 대부분이 암염 대신 관광객을 대상으로 수공예품을 팔며 근근이 생계를 유지하고 있지만, 이들처럼 오랜 시간 암염을 운반하는 소수의 캐러반이 아직도 사막에는 남아있다고 한다.

소금 캐러반들과 함께 잠자리에 들려고 하는데, 지칠대로 지친 내 모습이 안쓰러웠는지 캐러반 한 명이 다가와 차 한 잔을 권했다. 이들은 차를 마실 때 꼭 석 잔씩 마시는데 첫 잔에는 우정이, 둘째 잔에는 사랑이, 셋째 잔에는 인생이 담겨 있다고 믿는다. 아마도 오랜 세월 사하라 사막을 유랑하며 살아온 탓인지, 사람을 그리워하는 마음을 차 한 잔에 고스란히 담아 마시는 듯했다.

'아따이 투와레그족 말로 '땡큐'의 의미'를 외치며 한 모금을 마셨다. 모과주처럼 달달하면서도 떫은맛이다. 그 맛을 음미하며 석 잔을 나눠 마시니 가족과 친구들의 얼굴이 떠올랐다. 고작 15일 간의 여정일 뿐인데도 이렇게 마음 한 구석이 허전한데 평생을 사막 한가운데서 생활하는 저들은 오죽하랴 싶어, 차 한 잔을 술잔 삼아 밤이 늦도록 그들과 함께 시간을 보냈다.

사막에서 보내는 밤은 길고 무료하다. 밤새 사람을 그리워하기는 그들이나 나나 매한가지 입장이다. 결국 이 무료한 밤을 함께 해준 감사의 표시로 장신구를 꺼내든 그들의 흥정을 흔쾌히 수락했다.

투와레그족이 먼저 모래바닥에 숫자를 썼다. 말이 통하지 않아도 서로가 원하는 가격을 맞추기 위해 한참 동안 흥정을 계속했다. 맨 처음 15,000세파를 부른 투와레그족과 7,500세파를 부른 나는 주거니 받거니 흥정을 계속했다. 하지만 흥정이라면 일가견이 있는 한국 사람에게 그들도 도저히 당해낼 재간이 없었나 보다. 모래바닥에 수십 번 쓰고 지우기를 반복하던 투와레그족은 결국 나의 흥정가에 손을 들어주었다.

어둠이 깔리기 시작한 사막은 아름답지만, 고독과 외로움도 공존한다. 자연이 만들어낸 거대 사막 한가운데서 사람을 그리워하는 일은, 그들이나 나나 공통으로 느끼는 감정이기도 하다.

서로 부대끼며 사는 것이 사람살이라고, 제 아무리 아프리카 오지 사막 한가운데인들 왜 사는 재미가 없었겠나 싶어, 깊은 밤 투와레 그족과의 흥정을 떠올리며 오랫동안 히죽거렸다.

바마코 주변 강가, 피나세에서 투망질 하는 사람들

Mopti
Bandiagara

3장
반디아가라에서 만난 사람들

순탄치 않은 여인의 삶

남자들만의 사랑방 문화

순탄치 않은 여인의 삶

■

도곤족, 여인 잔혹사

도곤족 여인네들은 늘 무언가를 이고 지고 있다. 그들이 맨몸으로 걷는 경우를 거의 보지 못했다. 그것도 절벽 위와 아래 마을을 오고 가면서…….

만약 도곤족 여자들이 아니라면 요즘 세상에 그런 일을 할 수 있는 여자들이 또 누가 있겠는가? 아이 업고 물동이 이고 움직이는 그네들의 모습이 정말 가슴 짠하게 느껴졌다.

그 가슴 아픈 도곤족 여인을 눈에 담은 것은 다른 도곤족의 마을로 건너가던 길이었다. 절벽에서 생활하는 도곤족 사람들조차 다른 마을로 가려면 1~2시간은 족히 걸리는 길이니, 나에겐 더더욱 버거운 길이었다.

도곤족 마을에서 느낀 힘겨움은 솔트로드를 걸을 때와는 또 달랐다. 보이는 것이라고는 온통 경사진 바위와 불쑥 솟아난 돌뿐이며, 그 아래로 아찔하게 펼쳐진 낭떠러지 내리막길은 정신마저 혼미하게 만들었다.

절로 말수가 줄어들고 호흡이 가빠졌다. 내려가는 동안 지탱해줄 것이라고는 오직 다리 하나뿐인데, 어느새 다리는 풀려버려 내 몸뚱이가 아닌 듯 제멋대로 휘청거렸다. 온몸에 힘이 쫙 빠져나갈 때쯤 바위 하나를 골라 잠시 휴식을 취하고 있으려니, 곳곳에서 일하느라 여념이 없는 도곤족 여인들의 모습이 눈에 들어왔다.

붉게 타오르는 태양 아래 드넓게 펼쳐진 절벽 위의 평지. 도곤족 여인들은 그곳에서 한해 동안 먹고 살 곡식을 얻기 위해 하루 종일 밭을 일구며 가녀린 몸뚱이를 움직이고 있었다. 조금 더 내려가니 이번에는 조를 찧는 여인들이 보였다. 이곳에서는 조가 주식이기 때문에 도곤족 여인들에게 절구질은 매우 중요한 일이다. 아기가 울면서 엄마를 찾아도 미처 돌아볼 새도 없이 일을 하고 있었다. 도곤족 여인들의 삶이 얼마나 고단한지 피부로 느껴졌다.

반디아가라 절벽에서 만난, 물동이 인 여인과 절구질 하는 여인들

내려가다 또 다시 지쳐 절벽 바위에 앉아 잠시 휴식을 취했다. 이번에는 아이를 업고 물동이를 인 도곤족 여인들이 가파른 절벽 길을 성큼성큼 내려오고 있는 게 보였다. 도대체 저 여인들의 고단한 삶은 언제까지 계속되어야만 할까?
가난한 시절 고단한 삶을 살았던 어머니의 모습이 떠올라 가슴이 저려왔다.

차문을 열고도 잘만 달리는 바마코의 버스

남자들만의 사랑방 문화

■

도곤족 여인들을 뒤로 하고 한 도곤 마을에 다다랐다. 마을 입구에는 원두막처럼 생긴 토구나 Toguna가 자리하고 있었다. 토구나는 도곤 마을의 남자 지도자들만이 출입할 수 있는 공동체 회합의 장소로, 여자들의 출입이 금지되어 있는 곳이다. 다행인지 불행인지는 모르겠지만, 나는 남자라는 이유로 토구나를 둘러볼 수 있는 기회가 주어졌다.

토구나는 흙 반죽에 돌을 쌓아 여덟 개의 기둥을 세우고 그 위에 서까래를 얹은 다음 조나 수숫대 등을 두툼하게 얹어 지붕을 만들어 놓은 것이 특징이다. 주변에는 도곤족이 숭배하는 다양한 종류의 문양이 새겨져 있는데, 이들이 신성시 하는 뱀, 전갈, 거북, 도마뱀, 악어, 개구리 등이 주를 이룬다. 또 보조족 춤에 등장하는 가면이

반디아가라 도곤족의 토구나와 그 안에서 쉬고 있는 남자들

나 여성의 다리를 새처럼 가늘게 표현해 우아함을 극대화시킨 전통문양도 새겨져 있다.

특이하게도 토구나의 천장은 매우 낮다. 남자들이 자리에서 일어나면 머리가 닿을 정도의 높이다. '논쟁이 일어나 화가 치밀어오르더라도 벌떡 일어나지 말고 다른 사람의 의견도 고개 숙여 들어보라'는 뜻에서 토구나의 천장을 낮게 만들었다고 한다. 그만큼 도곤족 사람들은 겸손과 화합을 중시했다.

한 도곤족 남자가 토구나에서 손짓을 했다. 함께 어울리자는 것이었다. 한국의 사랑방 같은 이곳은 큰 의미에서 마을의 대소사를 논하는 토론의 장이지만, 사실상 남자들만의 휴식공간이나 마찬가지다. 그래서인지 오목하게 들어간 긴 나무판에 씨앗을 집어넣으며 유유자적 놀이를 즐기는 이도 남자들이요, 그 옆의 구경꾼들도 모두 남자들뿐이었다.

그들이 이처럼 여유롭게 놀이에 빠져 있는 동안, 도곤족 여인들은 가파른 바위산을 오르내리며 쉴 새 없이 일을 하고 있을 것이다. 그 생각을 하니 한가로이 토구나 주변에 모여 있는 도곤족 남자들에게 슬슬 화가 치밀어올랐다.

그들은 또 그들만의 문화와 삶의 방식이 있는 것이기에 마음을 가라앉혀야 한다고 이성은 다독였지만, 이미 내 기억 속 어머니의 고단한 모습과 이곳에서 여행하는 동안 만났던 여인들의 모습들이 떠올라 그냥 있을 수 없었다. 나는 거친 소리로 떠들었다. 물론 누가 알아들을 리도 없고, 듣는 사람도 없었지만, 그렇게라도 하지 않으면 도저히 마음을 다스릴 길이 없었다.

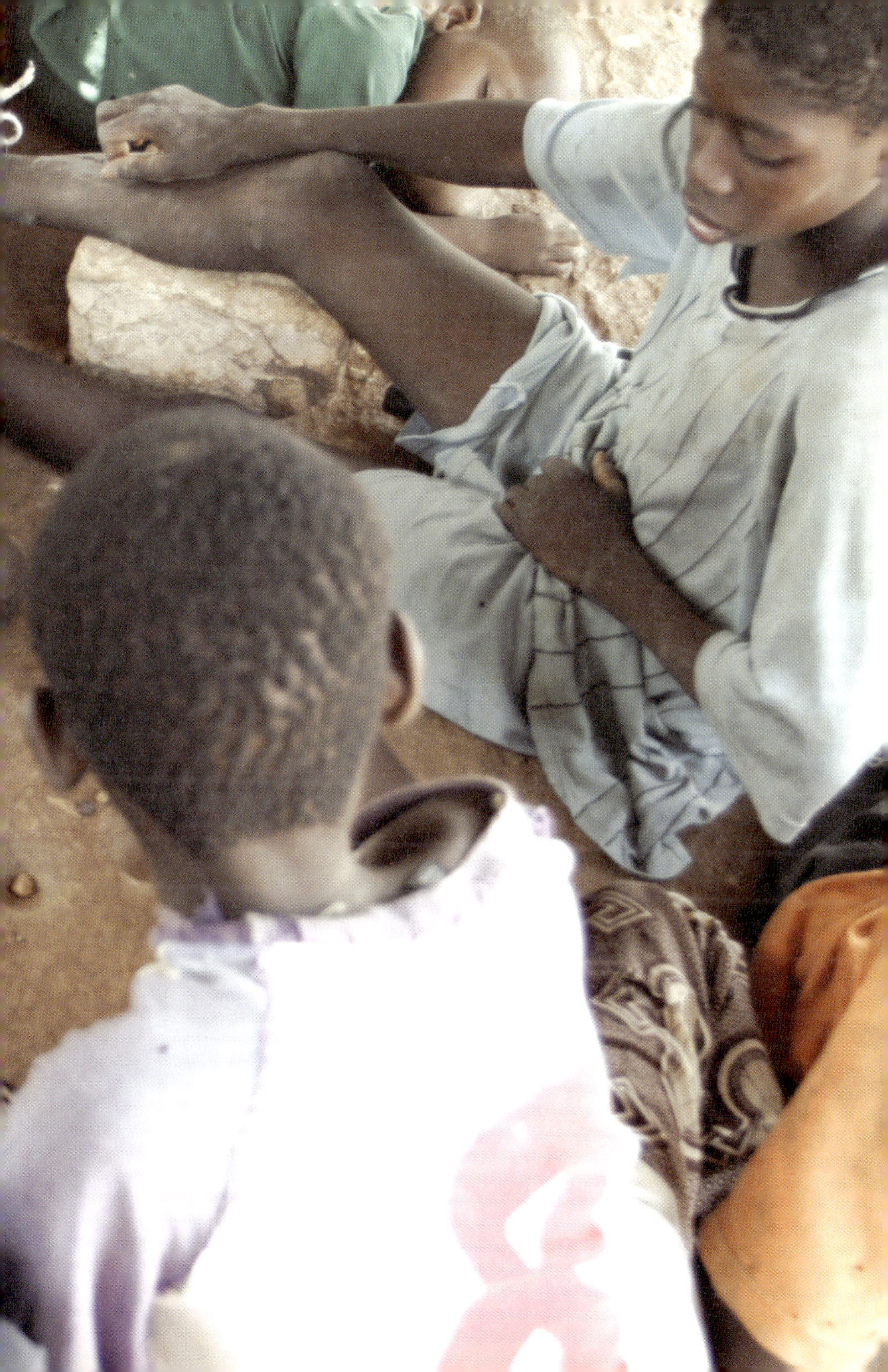

몹티 시장에서 만난 아이들의 해맑은 미소

Bamako
Djenne

4장
말리의 여인들

풀라니족 여인

젠네에서 만난 타리완

풀라니족 여인

■

말리 최고의 신붓감

말리는 어디를 가나 지구 저편에서 온 여행객들을 놀라게 하는 풍
경과 문화가 펼쳐진다. 그리고 또 어디를 보나 아이들과 여인들의
고단한 삶이 늙은 배우의 가슴을 아프게 후벼판다.

그러나 이토록 척박한 환경에서도 자신만의 즐거움과 가치를 만들어
가는 여인들이 적지 않다. 짧은 여정에서 스치듯 만난 그런 여인들은
녹록지 않았던 아프리카 여행을 즐거운 추억으로 만들어주었다.

특히 금빛 넘실대는 니제르 강 어귀, 작고 아담한 마을에서 만났던
풀라니 족 여인들이 그랬다. 풀라니족 Fulani 은 서아프리카와 지중해
민족과의 혼혈 유목민족이다. 아직도 일부 풀라니족은 떠돌아다니

며 생활하고 있지만 대부분은 한곳에 영구 정착해 반유목민 생활
을 해나가고 있다.

풀라니족 여인들도 여느 아프리카 여인네들 못지 않게 짐을 이고
진 채 버거운 삶을 이어가고 있었다. 그러나 형형색색 화려한 옷과
장신구를 하고 있는 모습이 그런 버거움을 조금 덜어주는 듯했다.
예로부터 풀라니족 여인들은 매우 순종적이며 집안일을 잘하고 아
프리카의 다른 종족 여인들보다 유난히 외모가 뛰어나다고 알려져
왔다. 아프리카와 지중해 민족의 혼혈이라는 혈통 때문인지 지중
해 인종 특유의 짙은 홍채와 피부, 머리칼 등 다소 이국적인 이미지
도 풍긴다. 전 세계 남자들의 마음은 다 똑같은지, 이곳에서도 풀라
니족 여인들은 말리 최고의 신붓감으로 손꼽힌다고 한다.

풀라니족을 대표하는 모델

풀라니족 여인들에 대한 궁금증이 커져갈 즈음 '풀라니족을 대표
하는 모델'이 살고 있다는 소식을 듣게 되었다. 이 여인은 각종 백
과사전을 비롯해 전 세계 신문 등의 매스컴에 '전통적인 풀라니족

몹티와 바마코 주변의 일상

여인상'으로 많이 소개되었다고 한다. 일종의 스타인 셈이다. 그녀를 만나기 위해 곧바로 테이키리 마을로 향했다.

그녀의 집 앞에 이르자 마당에서 흘러나오는 시끌벅적한 아이들의 목소리가 먼저 손님을 맞았다. 모두 그녀의 손녀 손자들이다. 말이 제법 통할 것 같은 큰 손녀에게 다가가 악수를 청하니 부끄러운 듯 손을 빼며 슬슬 뒷걸음질을 쳤다. 처녀성을 중요시 하는 풀라니족 여인들은 일반적으로 외간 남자와의 접촉을 피한다고 한다. 반가운 마음에 내민 손이 민망해지긴 했지만 신기한 듯 뒤를 졸졸 따라다니는 천진한 아이들의 웃음에 금세 마음이 녹아내렸다.

지금은 할머니가 된 풀라니족 모델이 방 안으로 들어오라며 손짓을 했다. 방 안에는 수십 개의 항아리가 벽면에 빙 둘러 매달려 있었는데, 그 용도가 궁금해 견딜 수 없었다. 내 시선이 계속 항아리에 머물러 있자 그녀는 풀라니족의 전통 의상을 보여주겠다며 자리에서 일어났다.

여인은 직접 옷을 입어 보였다. 황톳빛 옷에 터번을 두르던 여인은 아직 다 끝난 게 아니라며 벽에 걸려 있던 항아리를 꺼내 들고는 잠시 자리를 피했다. 잠시 후 자신의 얼굴만큼 큰 황금색 링 귀고리

형형색색 화려한 옷과 장신구를 한 풀라니족 여인. 여느 아프리카 여인들 못지않게 버거운
삶을 이어가고 있지만, 화려한 차림새가 그 버거움을 조금 덜어주는 듯 밝고 아름다워 보인다.

풀라니족 여인들은 말리 최고의 신붓감으로 손꼽힌
다. 아프리카와 지중해 민족의 혼혈 혈통인 이들은
짙은 홍채와 피부, 머리칼 등이 이국적인 이미지를
풍긴다.

를 걸치고, 머리에는 항아리를 인 채 방 안으로 다시 들어왔다. 풀라니족 여인의 전통복장을 완성시키는 것은, 바로 이 화려한 장신구와 방 안에 줄줄이 걸린 항아리였던 것이다.

풀라니족 여인들의 전통복장은 눈이 부실 만큼 화려했다. 유독 시선을 끌었던 것은 크고 묵직한 황금 귀고리였다. 과연 저 귀고리가 진짜 금일까 싶어 다가가 만져보니, 색깔은 황금처럼 노란색인데 재질은 가벼운 양철로 만들어졌다. 마치 노란 광택이 나는 양은 냄비를 링으로 잘라 만든 것 같았다. 예전에는 실제 금으로 만든 커다란 귀고리를 하고 다녔지만 지금은 귀에 무리가 가기 때문에 이렇게 황금색을 띤 양은 귀고리를 대신한다는 것이 그녀의 설명이었다.

금 귀고리에 비하면 몇십 배는 족히 가벼워 보였지만, 여인의 귓불에 뚫린 커다란 구멍은 어느새 축 늘어져 있다. 지금도 이렇게 귓불이 늘어져 있는데 그 옛날 무거운 금 귀고리를 하고 다녔을 때에는 어떠했을까를 상상하니, 이제서야 금 귀고리가 양은 귀고리로 변화된 이유를 알 것도 같다.

아직 소녀 티가 채 가시지도 않았건만, 이곳에선 엄마가 된다. 그리고 온종일 노동에 몸을 바치는 고달픈 여인네의 삶을 살아간다. 딸자식을 둔 부모라서 그런지 보는 내내 마음이 편치 않았다.

소녀에서 여인으로!

풀라니족 모델을 만나고 돌아오는 길에 시끌벅적한 '무리'들을 만났다. 검은색 입술 화장을 한 소녀들이 웨딩드레스를 연상케 하는 흰 옷을 걸치고는 저마다 귀를 뚫고 있는 것이었다. 바로 성인식이 열리는 현장이었다.

첫 만남부터 궁금증을 자아냈던 풀라니족 여인들의 검은색 입술 화장은 다른 남자의 접근을 막기 위한 것이며, 또 남자들은 이 화장을 보고 결혼 여부를 판단했다고 한다. 일종의 '결혼 표시'인 셈이다. 소녀들의 성인식에서도 검은 입술 화장과 화려한 장신구가 빠지지 않는 것은 한껏 멋을 냄으로써 비로소 마을 사람들에게 여성으로 인정받는다는 의미가 내포되어 있다고 한다.

성인식은 소녀들에게 결혼할 자격을 주는 의식이기도 하다. 오늘 성인식을 치루는 이 소녀들은 이제 결혼 자격을 얻었으므로 유목 생활을 위해 떠난 남자들이 돌아오는 날 배우자를 골라 결혼을 하게 될 것이다. 그리고 검게 칠한 화장대신 진짜 검은 입술 문신을 새긴 채 영원히 한 남자의 아내로 살아가게 될 것이다.

'부디 좋은 남편감을 만나기를…….'

딸자식을 둔 아버지의 마음이 되어 소녀들의 진정한 행복을 빌었다.

니제르 강변에서 만난, 눈에 익숙한 바가지들

젠네에서 만난 타리완

■

손으로 만드는 카리나

뜨거운 열기가 살갗을 파고드는 날, 가도 가도 끝이 없는 길을 따라 한 마을에 도착했다. 통고롱고 마을이다. 이 마을은 젠네 중심가와 다소 떨어져 있는 곳으로 삐쭉삐쭉 솟아 오른 진흙집이 젠네 시가지에 있는 집들과는 사뭇 다른 분위기다.

꽁꽁 얼려온 물이 순식간에 뜨뜻미지근해질 만큼 유난히 무더운 날씨건만, 이 마을에 사는 타리완은 오늘도 수북이 쌓인 빨래를 하기에 여념이 없었다. 거칠어진 발로 빨래를 밟고 있는 타리완은 아프리카 전통 항아리인 '카리나'를 만드는 18세 소녀다.

타리완이 만드는 카리나는 이 척박한 환경에서 가장 손쉽게 구할

손으로 빚은 카리나는 무엇보다 유려했고, 맨손만으로 쌓아올린 흙담은 무엇보다 든든했다. 말리에서 만난 사람과 풍물은, 사람들이 척박한 환경에서 어떻게 살아가는지를 보여주었다.

수 있는 진흙으로 만든다. 진흙물에 여러 번 담갔다 건져낸 카리나는 붉은색을 띠고 있으며, 입구 아래가 호리병처럼 잘록하게 들어가 있다. 주로 물과 우유를 담아 보관하는 데 쓰이며, 이곳 말리에서는 없어서는 안 될 생활필수품이기도 하다.

카리나는 잘 반죽한 흙을 녹로 ^{도자기나 토기를 만들 때 사용되는 진흙 돌리는 기계} 위에 얹어 위아래 힘을 조절하며 모양을 만들어야 한다. 조금만 힘을 주어도 모양이 찌그러지기 때문에 강약조절을 하며 매끈하게 만드는 일은 그리 쉬운 일이 아니다. 어디서 배웠는지 타리완이 카리나 한 개를 뚝딱 만들어 버렸다. 단 한 번의 흐트러짐도 없이 단번에 매끈한 항아리를 만들어낸 것이다.

잘 빠진 카리나를 앞에 두더니 꽁꽁 묶어 놓은 비닐봉투에서 뭔가를 꺼냈다. 염주처럼 생긴 구슬이다. 바로 버터나무 열매를 실로 엮어 만든 것이다. 그러더니 손바닥에 기름을 발라 버터나무 열매에 비빈 다음, 채색한 카리나 표면을 빠른 속도로 문지르기 시작했다. 윤을 내는 과정이다. 한국에서는 도자기에 유약을 발라 윤을 내지만 이곳 아프리카에서는 독특한 방법으로, 그것도 일일이 사람이 문질러서 윤을 내고 있었다.

어느새 타리완의 손길을 거친 카리나가 반짝반짝 윤이 났다. 종전의 투박한 항아리라고는 도저히 믿기 않을 정도다. 이렇게 윤을 내면 항아리의 질이 더 좋아진다고 한다. 타리완의 손에서 하나하나 윤을 낸 카리나는 수차례 황토색을 덧입히는 과정을 거쳐 비로소 항아리로 완성된다.

문명의 세계에서는 이런 모든 작업이 기계화되어 있어 사람의 손으로 하는 일은 좀체 찾아볼 수가 없다. 하지만 이곳에서는 완벽한 수작업을 통해 말리의 전통 항아리가 탄생하는 것이다. 어린 타리완의 땀과 노고, 혼과 정성이 깃들어 있는 항아리를 보면서 나는 감탄을 금할 수 없었다. 한편으로는 이토록 힘든 과정을 홀로 해내야 하는 타리완의 고된 현실이 안타깝기 그지없었다.

독짓는 소녀의 하루

타리완이 또 다시 카리나 앞에 앉았다. 채색을 하고 윤을 내면 다 끝난 줄 알았건만 마지막으로 장식을 하는 과정이 남아 있었다. 먼저 흰색 빛이 나는 흙을 이용해 카리나 밑 부분을 굵게 덧칠한 다음

문명의 세계에서는 모두 기계화된 공정으로 항아리를 찍어내지만, 타리완이 만든 카리나는
수십 번 갈고 닦는 과정을 통해 윤기나는 항아리로 탄생한다. 18세 소녀의 혼이 고스란히
녹아든 카리나들.

아프리카 전통 항아리 카리나가 쌓여 있다.

항아리 윗부분에 가는 선을 여러 줄 긋고, 마지막으로 흰 덧칠 위에 또다시 진흙 빛으로 아프리카 전통 문양을 덧그려야만 비로소 카리나 장식이 완성된다.

이 과정을 끝내기 위해 타리완은 제일 먼저 밑 흰색을 칠한 다음, 천을 얇게 돌돌 말아 붓처럼 만든 뒤 가늘고 선명하게 선을 그려 넣었다. 언뜻 단순해 보이지만 조금의 흐트러짐도 없이 시작점과 끝점을 이어야 하는 고난도의 과정이었다.

잠시 타리완이 자리를 비운 사이 카리나를 들어보았다. 굉장히 무거웠다. 18세 소녀가 능수능란하게 돌리던 것이 이처럼 무겁다니 전혀 예상치 못한 무게이다. 더 놀라운 것은 타리완이 돌리던 녹로는 돌림판이나, 돌아가도록 만든 기계가 아닌 팽이처럼 생긴 접시일 뿐이었다. 그저 맨 바닥에 놓인 팽이접시를 발로 톡톡 치며 돌린 뒤, 이 정교하고 아름다운 항아리를 완성시킨 것이다.

말없이 카리나만 쓰다듬으며 감탄을 하고 있던 내게 타리완이 다가와 차 한 잔을 건넸다. 고마운 마음도 들었지만, 어린 나이에 시집와 하루 종일 카리나를 만들고 시아버지와 가족들을 건사하며 집안일까지 도맡아 하는 십대 소녀의 삶이, 어딘지 모르게 마음을 짓눌러 마음 편히 차를 마실 수 없었다.

또 다시 타리완이 일을 시작했다. 해지기 전까지 하루 만들 양을 완성하려면 서둘러 진흙 반죽을 끝내야 하기 때문이다. 발로 밟고 누르며 질퍽한 흙의 무게를 감당해야 하지만 타리완은 조금도 얼굴을 찡그리지 않았다. 자신의 삶의 무게를 겸허히 받아들이려는 듯 그렇게 덤덤한 표정을 지은 채, 카리나 만들기에 열중했다.

슬슬 타리완의 집에서 떠날 채비를 했다. 여행자의 다음 여정을 이해하기라도 하듯 대문까지 친히 배웅을 나와 준 타리완. 다음 만남을 기약하며 마주 잡은 두 손을 쉽게 놓을 수 없었다.

피나세가 정박해 있는 니제르 강변

■

투박했던 여정, 그 뒤에 남은 것

15일간 말리에 다녀온 뒤라 그런지 도심에 빽빽이 들어찬 빌딩이 외려 낯설다. 당장 다시 아프리카로 돌아가고 싶은 심정까지는 아니지만, 금빛 물결 넘실대는 니제르 강과 깎아지른 반디아가라의 절경, 끝도 없이 펼쳐진 사하라 사막 등 여정 내내 대자연 속에서 생활하고 왔더니, 서울의 빌딩 숲이 몸과 마음을 답답하게 만든다. 말리에 다녀온 뒤 한동안 잿빛 콘크리트 빌딩이 지겨웠던 이유도 바로 그 때문이었던 것 같다.

아프리카는 있는 그대로의 장엄한 자연이다. 또한 사람들에게는 태초의 보금자리이다. 날것이 주는 생경함과 극한의 원시성이 공존하는, 그런 곳이다.

그렇다면 나에게 아프리카는 무엇인가? 아프리카 대륙 중에서도 가장 오지라는 말리를 다녀온 뒤, 나는 솔직히 아프리카의 '아' 소리도 듣기 싫었다. 지인들이 아프리카에 대해 물으면 고개를 절레절레 흔들 정도였다. 게다가 육십 평생을 통틀어 육체적으로 가장 힘들었던 여정이었기에, 도대체 내가 무엇을 위해 그곳을 그토록 동경했는지도 가물가물 할 정도다.

이번 여정이 단지 늙은 여행자에게 너무 무리였다거나 혹은 여행마니아가 못되기 때문에 너스레를 떠는 것은 결코 아니다. 아프리카 말리는 그야말로 모든 것이 발가벗겨지는 곳이다. 문명도, 삶도, 인간의 한계도, 이 모든 껍데기들이 완전하게 벗겨지는 오지 중의 오지이다.

우스갯 소리를 덧붙이자면 세계 100군데 이상을 다녔던 분쟁지역 전문 사진기자가 '말리 여정을 마치고 돌아오는 비행기 안에 오르니 정말 눈물나게 행복하더라' 는 말을 했을 만큼, 말리는 여행자들에게 고단하고 척박한 여행지이다. 젊은 사람들도 이처럼 손사래 치는 곳일진데 육순을 넘긴 늙은 여행자는 오죽했을까?

평균 45도를 웃도는 무더운 날씨, 언제 사고가 터질지 모르는 불안한 택시, 열악하다 못해 상식적으로 도저히 납득이 안 가는 척박한 생활 환경, 그리고 사막 한가운데를 횡단하며 죽음의 문턱을 넘나드는 공포감까지, 말리 여행은 여행이라기보다는 차라리 고행에 가까웠다.

그런데 다시는 '아' 소리를 꺼내지 않겠다던 나는, 이렇게 아프리카 말리 이야기를 길게 늘어놓고 말았다.

인간의 한계를 느낄 수 있던 사막의 길이, 심장을 녹일 듯한 뜨거운 햇볕이, 가슴을 울리던 북소리가, 깊고 검은 여인의 눈동자가 나를 다시 아프리카로 불러들였기 때문이다. 사나이로 태어나 오대양 육대주 모두를 밟아보자는 야무진 꿈이 있었던 나에게 아프리카는 동경의 대상이었다. 그러나 이제 아프리카는 현실로 남았다. 고단한 삶이 있고, 척박한 환경이 있었다. 두렵고 황당했던 기억들, 알 수 없는 분노, 그것이 현실의 아프리카였다. 그리고 그곳에 지난날 우리의 모습이 있었다. 아프리카 말리 여정을 떠올리며 나는 이런 말을 하고 싶다. 징글맞고 척박하며 고단한 여정이니 두 번도 필요 없다고. 다만 생에 단 한 번만은 꼭 다녀오라고.

여행자여! 그대 이름은 오롯이 '젊음'이구나.

누릴 수 있는 모든 것을 누리고

얻을 수 있는 모든 것을 얻으라.

젊음은 오직,

미지를 탐험하기 위해 존재하는 것일지니.

2008년 10월 연기자 최종원